乡村振兴人才培育系列教材

农村实用技术人才培训教程

李　敏　韩康慧　徐东英　主编

中国农业科学技术出版社

图书在版编目(CIP)数据

农村实用技术人才培训教程 / 李敏，韩康慧，徐东英主编. --北京：中国农业科学技术出版社，2024.3

ISBN 978-7-5116-6655-0

Ⅰ.①农… Ⅱ.①李…②韩…③徐… Ⅲ.①农业技术-技术培训-教材 Ⅳ.①S

中国国家版本馆 CIP 数据核字(2024)第 019463 号

责任编辑 马雪峰 周 朋
责任校对 王 彦
责任印制 姜义伟 王思文

出 版 者 中国农业科学技术出版社
北京市中关村南大街 12 号 邮编:100081
电 话 (010) 82106630(编辑室) (010) 82106624(发行部)
(010) 82109709(读者服务部)
网 址 https://castp.caas.cn
经 销 者 各地新华书店
印 刷 者 北京地大彩印有限公司
开 本 140 mm×203 mm 1/32
印 张 6.25
字 数 157 千字
版 次 2024 年 3 月第 1 版 2024 年 3 月第 1 次印刷
定 价 30.00 元

编委会

《农村实用技术人才培训教程》

主　编　李　敏　韩康慧　徐东英

副主编　宋德平　许子涵　贾歌星　梁胜江　郑智辉　陈志燕　胡辰璐　郝艳美　史莎莎

编　委　孙文丽　张　玲　张新成　冯如玉　杨子晨　孔德强　张　红　高迎春　张保帅　韩莉莉　王曙光　马明敏　张小燕　冯　彬　卢　英　马耀辉

前言

随着科技的飞速发展和现代化农业的推进，农村实用技术人才在乡村振兴和农业现代化建设中的重要作用日益凸显。为了满足农村对实用技术人才的迫切需求，我们精心编写了这本《农村实用技术人才培训教程》。

本书旨在为农民朋友提供最实用、最前沿的技术，帮助他们提高农业生产效益，助力乡村振兴和农业现代化建设。全书分为五章，包括水稻、小麦、玉米、马铃薯、大豆、花生等粮油作物生产实用技术，桃、梨、苹果、葡萄、柑橘、茶树等果茶生产实用技术，芹菜、辣椒、番茄、茄子、黄瓜、西葫芦、菜豆、大白菜等蔬菜生产实用技术，牛、羊、猪、鸡、鸭等畜禽养殖实用技术，池塘养鱼、池塘养对虾、内陆水域大水面粗放式养殖等水产养殖实用技术。

在编写过程中，我们特别注重技术的实用性和可操作性。对于每个技术环节，我们采用通俗易懂的语言，进行了深入浅出的介绍，便于农民朋友快速理解并掌握技术要领。同时，我们也关注技术的先进性。在介绍各项技术时，不仅涵盖了传统的农业生产技术，还积极引入了最新的科研成果和先进的生产理念，使读者能够紧跟时代步伐，获取最前沿的农业科技信息。

我们相信，通过本书的学习，农村实用技术人才将不断提升自身的科技素质和应用能力，为推动当地农业现代化发展发挥更大的作用。

由于经验不足，时间仓促，书中难免存在不足之处，欢迎广大读者及时提出修改意见和建议，使之不断完善和提高。

编　者

2023 年 12 月

目录

第一章 粮油作物生产实用技术

第一节 水稻生产技术

一、播前准备

（一）品种选择

根据当地生态条件、种植制度、种植季节、生产模式等选择生育期适宜、优质、高产、稳产、发芽率和分蘖力较强的适于机插的水稻品种，要根据前后作物茬口选择确保能安全抽穗的水稻品种。南方双季稻区应考虑双季早稻与晚稻品种生育期合理搭配，实现双季机插高产。

（二）整地

水稻机插前耕整地质量要求做到“平整、洁净、细碎、沉实”。耕整深度均匀一致，田块平整，地表高低落差不大于 3 厘米；田面洁净，无残茬、无杂草、无杂物、无浮渣等；土层下碎上糊，上烂下实；田面泥浆沉实达到泥水分清，沉实而不板结，机械作业时不陷机、不壅泥。

北方稻区稻田耕作采用翻地和旋耕相结合的耕作方法，提倡采用大型拖拉机配套铧式犁或圆盘犁进行秋翻耕，耕翻深度 20~25 厘米。春季整地采用旋耕机进行旱耕或湿润耕作，旋耕深度 14~16 厘米，要求深浅一致。耕作与秸秆还田相结合，有条件的地区提倡采用保护性耕作技术。机插前放水泡田，旋耕整地，采用平地打浆机、水田耙等耙地机具平整田面。稻田打浆整平后需沉淀，一般砂壤土沉淀 0.5～1 天，黏土沉淀 2～3 天，部分泥浆田需沉淀 3～5 天。机插时泥脚深度小于 30 厘米，田面水层保持 2～3 厘米。

南方稻区有条件的应实行冬翻田，冬翻田应旱耕或湿润耕作，提倡秸秆还田，采用翻耕或旋耕，犁耕深度 18～22 厘米，旋耕深度 12～16 厘米。移栽前 1 周左右整田，提倡旱耕或湿润旋耕，犁耕深度 12～18 厘米，旋耕深度 10～15 厘米，达到秸秆还田、埋茬覆盖。之后，采用水田耙或平地打浆机平整田面，沉田后达到机插前耕整地质量要求。丘陵山区可采用小型拖拉机匹配相应的旋耕机或犁整田。南方麦（油）稻及双季晚稻等一年多熟制地区由于季节紧张，在前茬作物收获后要及时整地，在泥脚较深的稻田，提倡用橡胶履带拖拉机配套旋耕机、反转旋耕灭茬机、平地打浆机等机具进行整地作业，做到田面平整，泥浆沉实后及时机插。

翻耕或旋耕应结合施用有机肥及其他基肥，使肥料翻埋入土，或与土层混合。

二、播种育秧

（一）育秧模式

各稻区根据生产状况选择适宜的机插育秧模式和规模，尽可能集中育秧。北方稻区有条件的地区应采用工厂化育秧或大棚旱地育秧，也可采用中棚旱地育秧。南方稻区有条件的地区应采用工厂化育秧或大棚旱育秧，也可以采用稻田旱育秧或田间泥浆育秧；早稻需要保温育秧，晚稻育秧需要遮阳防雨（以防高温高湿秧苗徒长），提高成秧率，培育壮秧。

（二）苗床准备

选择排灌、运秧方便，便于管理的田块做秧田（或大棚苗床）。按照秧田与大田 1∶（80～120）的比例备足秧田。选用适宜本地区及栽插季节的水稻育秧基质或床土育秧，育秧基质和旱育秧床土要求调酸、培肥和清毒，南方早稻和北方单季稻育秧土要求 pH 值在 4.5～6.0，不超过 6.5；南方单季稻或晚稻育秧床土的 pH 值可适当提高至 5.5～7.0。有条件地区提倡育秧基质育秧。

（三）适期播种

水稻种子发芽率要求达 90%以上，播种前做好晒种、脱芒、选种、药剂浸种和催芽等处理工作。根据水稻机插时间确定适期播种，北方稻区一般 4 月上中旬，机插秧秧龄 30～35 天。南方早稻选择冷空气结束气温变暖时播种，秧龄 25～30 天；单季稻一般 5 月中下旬至 6 月初播种，秧龄 15～20 天；连作晚稻根据早稻收获期及种植方式确定播期，秧龄 15～20 天。提倡用浸种催芽机集中浸种催芽，根据机械设备和种子发芽要求设置好温度等各项指标，催芽做到“快、齐、匀、壮”。

育秧尽可能采用机械化精量播种，可选用育秧播种流水线或轨道式精量播种机械；南方稻区田间泥浆育秧采用田间精密播种器播种。有条件地区提倡流水线播种，直接完成装土、洒水（包括消毒、施肥）、精密播种、覆盖表土。根据插秧机栽插行距选择相应规格秧盘。提倡使用钵形毯状秧盘，实现钵苗机插。秧盘播种洒水须达到秧盘的底土湿润，且表面无积水，盘底无滴水，播种覆土后能湿透床土。播前做好机械调试，确定适宜种子播种量、底土量和覆土量，秧盘底土厚度一般 2.2～2.5 厘米，覆土厚度 0.3～0.6 厘米，要求覆土均匀、不露籽。

播种量根据品种类型、季节和秧盘规格确定。北方稻区常规粳稻播种量标准，宽行（30 厘米行距）秧盘一般 110~130 克/盘，每亩 35~40 盘；南方双季常规稻播种量标准，宽行（30 厘米行距）秧盘一般 100~120 克/盘，每亩 30 盘左右；杂交稻可根据品种生长特性适当减少播种量；南方单季杂交稻宽行（30 厘米行距）秧盘播种量 70~100 克/盘。窄行（25 厘米行距）秧盘按宽行（30 厘米行距）秧盘的面积作相应的减量调整。播种要求准确、均匀、不重不漏。

（四）秧苗管理

水分管理要保证实现旱育，根据育秧方式做好苗期管理。北方稻区出苗期管理重点是控温，棚内温度超过 32℃时，即打开大棚两头开始通风，下午 4—5 时关闭通风口；出苗后棚温控制在 22~25℃，最高不超过 28℃，最低不低于 10℃，注意及时通风炼苗。南方稻区早稻播种后即覆膜保温育秧，并保持秧板湿润；根据气温变化掌握揭膜通风时间和揭膜程度，适时（一般二叶一心开始）揭膜炼壮苗；膜内温度保持在 15~35℃，防止烂秧和烧苗。加强苗期病虫害防治，尤其是立枯病和恶苗病的防治。单季稻或连作晚稻播种后，搭建拱棚覆盖遮阳网或无纺布遮阳、防暴雨和雀害。出苗后及时揭遮阳网或无纺布，秧苗见绿后根据机插秧龄和品种喷施生长调节剂控制生长，一般每亩①用 100 千克浓度为 0.0003%的多效唑溶液均匀喷施。移栽前 3~4 天，天晴灌半沟水蹲苗，或放水炼苗。移栽前对秧苗喷施一次对口农药，做到带药栽插，以便有效控制大田活棵返青期的病虫害。提倡秧盘苗期施用颗粒杀虫剂，实现带药下田。

---

① 1 亩≈667 米^2。全书同。

（五）秧苗要求

适宜机插秧的秧苗应根系发达、苗高适宜、茎部粗壮、叶挺色绿、均匀整齐，秧根盘结不散。一般北方稻区单季稻叶龄3.1~3.5叶，苗高12~18厘米，秧龄30~35天；南方稻区早稻叶龄3.1~3.5叶，苗高12~18厘米，秧龄25~30天；单季稻和晚稻叶龄3.0~4.0叶，苗高12~20厘米，秧龄15~20天。

三、机械插秧

（一）秧苗准备

根据机插时间和进度安排起秧时间，要求随运随栽。秧盘起秧时，先拉断穿过盘底渗水孔的少量根系，连盘带秧一并提起，再平放，然后小心卷苗脱盘，提倡采用秧苗托盘及运秧架运秧。秧苗运至田头时应随即卸下平放，使秧苗自然舒展；做到随起随运随插，尽量减少秧块搬动次数，避免运送过程中挤伤、压伤秧苗，秧块变形及折断秧苗。运到田间的待插秧苗，严防烈日照晒伤苗，应采取遮阴措施防止秧苗失水枯萎。

（二）机械准备

插秧前应先检查调试插秧机，调整插秧机的栽插株距、取秧量、深度，转动部件要加注润滑油，并进行5~10分钟的空运转，要求插秧机各运行部件转动灵活，无碰撞卡滞现象，以确保插秧机能够正常工作。装秧苗前须将秧箱移动到导轨的一端，再装秧苗，避免漏插。秧块要紧贴秧箱，不拱起，两片秧块接头处要对齐，不留间隙，必要时秧块与秧箱间要洒水润滑秧箱面板，使秧块下滑顺畅。

（三）机插要求

根据水稻品种、栽插季节、秧盘选择适宜类型的插秧机，有条件的地区提倡采用高速插秧机作业，提高工效和栽插质量。单季稻以常规行距（30 厘米）插秧机为主，双季稻提倡采用窄行（25 厘米）插秧机。机插要求插苗均匀，深浅一致，一般漏插率≤5%，伤秧率≤4%，漂秧率≤3%，插秧深度在 1～2 厘米，以浅栽为宜，增加低节位分蘖。

根据水稻品种、栽插季节、插秧机选择适宜种植密度。北方稻区常规粳稻，30 厘米行距插秧机株距为 11～14 厘米，密度为 1.6 万～2.0 万穴/亩；25 厘米窄行插秧机密度为 1.9 万～2.2 万穴/亩；适时调节取秧量，每穴插栽 4～6 株秧苗。南方稻区单季杂交稻机插行距 30 厘米，株距 17～20 厘米，每穴 2～3 株，每亩 1.1 万～1.3 万穴；单季常规稻株距 11～16 厘米，每穴 3～5 株，每亩 1.4 万～1.9 万穴。南方双季稻区机插提倡用窄行插秧机，常规稻株距 12～16 厘米，每穴 3～5 株，种植密度 1.7 万～2.2 万穴/亩；杂交稻株距 14～17 厘米，每穴 2～3 株，种植密度 1.6 万～2.0 万穴/亩。南方稻区超级稻机插每穴 1～2 株。

四、田间管理

（一）合理施肥

根据水稻目标产量及稻田土壤肥力，结合配方施肥要求，合理制定施肥量，培育高产群体。提倡增施有机肥，氮磷钾肥配合。各稻区施肥量根据本地区土壤肥力状况、目标产量和品种类型确定（参考施肥量见表 1-1）。一般有机肥料和磷肥用作基肥，在整地前可采用机械撒肥机等施肥机具施入，经耕（旋）耙施入土中。钾肥按基肥和穗肥各 50%施用；氮肥按基肥 50%、分蘖肥 30%、穗肥 20% 比例施用，南方粳稻穗肥比例可提高到 40%～50%。

表 1-1 不同稻区水稻高产栽培需肥量 单位：千克/亩

稻区	季节类型	纯氮（N）	磷肥（P_2O_5）	钾肥（K_2O）
长江中下游稻区	早稻	10.0~11.0	4.0~4.5	7.0~7.5
	晚稻	10.0~12.0	4.0~4.5	7.0~7.5
	单季籼稻	15.0~18.0	5.0~6.0	9.0~10.0
	单季粳稻	17.0~20.0	5.0~6.0	9.0~10.0
西南稻区	单季稻	12.0~14.0	4.0~5.0	6.0~9.0
华南稻区	早稻	9.0~10.0	2.7~3.0	7.0~8.0
	晚稻	11.0~12.0	3.0~3.5	8.0~9.0
东北稻区	寒地粳稻	8.0~12.0	6.0~7.5	3.5~6.5

（二）水分管理

采用浅湿干灌溉模式。机插后活棵返青期一般保持 1~3 厘米浅水，秸秆还田田块在栽后 2 个叶龄期内应有 2~3 次露田，以利于还田秸秆在腐解过程中产生的有害气体的释放；之后结合施分蘖肥建立 2~3 厘米浅水层。全田茎蘖数达到预期穗数 80% 左右时，采用稻田开沟机开沟，及时排水搁田；通过多次轻搁，使土壤沉实不陷脚，叶片挺起，叶色显黄。拔节后浅水层间歇灌溉，促进根系生长，控制基部节间长度和株高，使株型挺拔、抗倒，改善受光姿态。开花结实期采用浅湿灌溉，保持植株较多的活根数及绿叶数，植株活熟到老，提高结实率与粒重。

（三）病虫草害防治

1. 草害防治

在机插前 1 周内结合整地，施除草剂一次性封闭灭草，施药后保水 3~4 天。机插后 1 周内根据杂草种类结合施肥施除草剂，施药时水层 3~5 厘米，保水 3~4 天；有条件的地区在机插后 2 周采用机械中耕除草，除草时要求保持水层 3~5 厘米。

2. 病虫害防治

根据病虫害测报，对症下药，控制病虫害发生。提倡高效、低毒和精准施药，减少污染。北方有条件水稻产区建议飞机航化作业防治稻瘟病等病虫害，辅以大型喷杆式植保机械。南方稻区采用车载式、担架式及喷杆式植保机械装备。

五、适时收获

（一）收获时间

当水稻多数稻穗变黄，粳稻95%以上籽粒转黄，籼稻90%以上籽粒转黄时即可进行机械收获，防止割青。根据不同地块选择合适的收获机械，选择晴好天气，及时收割。联合收获应在露水基本消失后作业；分段收获应在完熟前4~5天收割，适时脱粒。

（二）机具准备

建议选用带茎秆切碎和抛洒装置的收获机作业，便于秸秆还田和埋茬。作业前要检查调试机械，对收获机具进行检查、调整和保养，保证机械技术状态良好。同时，做好清除田间异物，根据收割方式开出作业前收割道等准备工作。

（三）技术要求

北方稻区水稻在霜前可以用全喂入或半喂入联合收获机械联合收获，或采用机械割晒、机械脱粒等分段收获。留茬高度10~20厘米。当稻谷水分降至16%左右时，提倡大型全喂入联合收割机收获，要求收获脱粒干净。

南方稻区水稻提倡用带茎秆切碎装置的全喂入收割机或半喂入联合收割机，留茬高度不超过10厘米。

全喂入水稻联合收割机总损失率≤3%，破碎率≤2%；半喂入水稻联合收割机总损失率≤2.5%，破碎率≤0.5%。割晒机收割的水稻要求铺放整齐、位置正确、无漏割，损失率<1%；脱粒

机脱净率>99%，破碎率<1%；脱扬机清洁率>98%。

稻谷收获后应及时用谷物烘干机烘干或晾晒至标准含水量(籼稻 13.5%，粳稻 14.5%)，谷物烘干机根据生产规模配置。

第二节　小麦生产技术

一、播前准备

(一) 品种选择

根据市场需求，结合当地的气候、土壤、耕作制度和栽培条件，因地制宜地选用通过国家或地方审定的品种。肥水条件良好的高产田，应选用丰产潜力大、抗倒伏性强的品种；旱薄地应选用抗旱耐瘠的品种；在土层较厚、肥力较高的旱肥地，则应种植抗旱耐肥的品种。

(二) 种子处理

播种前的种子药剂处理是防治地下害虫和预防小麦种传、土传病害以及苗期病虫害的主要措施。应根据当地病虫害发生情况选择高效安全的杀菌剂、杀虫剂，用包衣机、拌种机进行种子机械包衣或拌种，以确保种子处理和播种质量。

(三) 整地

如预测播种时墒情不足，应提前灌水造墒。整地前，按农艺要求施用底肥。

1. 秸秆处理

前茬作物收获后，对田间剩余秸秆进行粉碎还田。要求粉碎后 85%以上的秸秆长度≤10 厘米，且抛撒均匀。

2. 旋耕整地

适宜作业的土壤含水率 15%～25%。旋耕深度要达到 12 厘米以上，旋耕深浅一致，耕深稳定性≥85%，耕后地表平整度≤5%，碎土率≥50%。必要时镇压，为提高播种质量奠定基础。间隔3~4年深松1次，打破犁底层。深松整地深度一般为35~40厘米，稳定性≥80%，土壤膨松度≥40%。深松后应及时合墒。

3. 保护性耕作

实行保护性耕作的地块，如田间秸秆覆盖状况或地表平整度影响免耕播种作业质量，应进行秸秆匀撒处理或地表平整，保证播种质量。

4. 耕翻整地

适宜作业条件：土壤含水率15%~25%。

对上茬作物根茬较硬，没有实行保护性耕作的地区，小麦播种前需进行耕翻整地。耕翻整地属于重负荷作业，需用大中型拖拉机牵引，拖拉机功率应根据不同耕深、土壤比阻选配。整地质量要求：耕深≥20厘米，深浅一致，无重耕或漏耕，耕深及耕宽变异系数≤10%。犁沟平直，沟底平整，垡块翻转良好、扣实，以掩埋杂草、肥料和残茬。耕翻后及时进行整地作业，要求土壤散碎良好，地表平整，满足播种要求。

二、播种

（一）适期播种

各地应根据品种特性、耕作制度、土壤条件及气候条件确定适宜播种期。例如，冬小麦主产区一般在10—11月播种，要选择播种高产期播种。

（二）适量播种

根据品种分蘖成穗特性、播期和土壤肥力水平确定播种量。黄淮海中部、南部高产麦田或分蘖成穗率高的品种，播量一般控制在6~8千克/亩，基本苗控制在12万~15万株/亩；中产麦田或分蘖成穗率低的品种播量一般控制在 8~11 千克/亩，基本苗控制在 15 万~20 万株/亩；黄淮海北部播量一般控制在 11~13 千克/亩，基本苗控制在 18 万~25 万株/亩。晚播麦田适当增加播量，无水浇条件的旱地麦田播量 12~15 千克/亩，基本苗控制在 20 万~25 万株/亩。

（三）提高播种质量

采用机械化精少量播种技术一次完成施肥、播种、镇压等复式作业。播种深度为 3~5 厘米，要求播量精确、下种均匀，无漏播，无重播，覆土均匀严密，播后镇压效果良好。实行保护性耕作的地块，播种时应保证种子与土壤接触良好。调整播量时，应考虑药剂拌种使种子重量增加的因素。

（四）播种机具选用

根据当地实际和农艺要求，选用带有镇压装置的精少量播种机具，一次性完成秸秆处理、播种、施肥、镇压等复式作业。其中，少免耕播种机应具有较强的秸秆防堵能力，施肥机的排肥能力应达到 60 千克/亩以上。

三、田间管理

（一）前期管理（出苗—越冬）

1. 化学除草

冬前是麦田化学除草有利时机，可选用炔草酸、精噁唑禾草灵等防除野燕麦、看麦娘等；用甲基二磺隆、甲基二磺隆+甲基碘磺隆钠盐防除节节麦、雀麦等；用双氟磺草胺、氯氟吡氧乙酸、唑草酮、苯磺隆、溴苯腈和 2 甲 4 氯钠等防除双子叶杂草。防治时间宜在小麦 3~5 叶期、杂草 2~4 叶期，选择气温在 10℃ 以上的晴朗无风天气进行。

2. 科学灌水

若冬前降水较少，土壤墒情不足，要浇好分蘖盘根水，促进冬前长大蘖、成壮蘖。对秸秆还田、旋耕播种、土壤悬空不实和缺墒的麦田必须进行冬灌，以踏实土壤，保苗安全越冬。冬灌的时间一般在日平均气温3℃以上时进行，在封冻前完成，一般每亩灌溉量为40立方米，禁止大水漫灌，浇后及时划锄松土，增温保墒。

（二）中期管理（返青—抽穗）

1. 肥水后移

在小麦拔节期，结合灌水追施氮肥，每亩灌溉量以40~50立方米为宜。追氮量为总施氮量的40%~50%。但对于早春土壤偏旱且苗情长势偏弱的麦田，灌水施肥可提前至起身期。

2. 防治病虫害

在返青至抽穗期，重点防治小麦纹枯病、条锈病、红蜘蛛。坚持以“预防为主，综合防治”为原则，按病虫害发生规律科学防治，适时对症用药。

3. 预防倒伏

小麦起身期是预防倒伏的最后关键时期，对整地粗放、坷垃较多的麦田，开春后要进行镇压，以踏实土壤，促根生长；对长势偏旺的麦田，可在起身初期喷洒化控剂，另外，可采用深中耕断根，控制麦苗过快生长。

4. 预防冻害

及时浇好拔节水，促穗大粒多，增强抗寒能力，特别是要密切关注天气变化，在降温之前及时灌水，防御冻害。低温过后，及时检查幼穗受冻情况，一旦发生冻害，要落实追肥浇水等补救措施。

（三）后期管理（抽穗—成熟）

1. 合理灌溉

干旱年份或缺墒地块在抽穗前后灌溉，保证小麦穗大粒多，每亩灌溉量以 30～40 立方米为宜，一般不提倡浇灌浆水，严禁浇麦黄水。

2. 防治病虫

在小麦抽穗—扬花期应对赤霉病进行重点防治。小麦齐穗期进行首次防治，若天气预报有 3 天以上连阴雨天气，应间隔 5 天再喷施一次。若喷药后 24 小时内遇雨，应及时补喷。同时灌浆期应注意防治白粉病、叶锈病、叶枯病、黑胚病及蚜虫等，成熟期前 20 天内停止使用农药。

3. 叶面喷肥

灌浆期结合病虫害防治，每亩用 1 千克尿素和 0.2 千克磷酸二氢钾兑水 50 千克进行叶面喷施，促进氮素积累与籽粒灌浆。

四、收获与贮藏

（一）收获

目前小麦联合收割机型号较多，各地可根据实际情况选用。为提高下茬作物的播种出苗质量，要求小麦联合收割机带有秸秆粉碎及抛洒装置，确保秸秆均匀分布地表。收获时间应掌握在蜡熟末期，同时做到割茬高度≤15 厘米，收割损失率≤2%。作业后，收割机应及时清仓，防止病虫害跨地区传播。

（二）贮藏

（1）晒干进仓（含水量应符合国家标准要求）。

（2）不同品种、不同品质、不同用途的籽粒要分开堆放。

（3）干燥贮藏（注意仓库消毒方法，确保贮藏小麦安全）。

（4）贮藏方法：①热密闭贮藏；②低温贮藏。

第三节　玉米生产技术

一、播前准备

（一）品种选择

东北与西北地区的春玉米为一年一熟制，秋季降温快，其中东北春玉米以雨养为主，西北地区光热资源丰富，干旱少雨，以灌溉为主。宜选择耐苗期低温、抗干旱、抗倒伏、熟期适宜、籽粒灌浆后期脱水快的中早熟耐密植玉米品种。黄淮海地区和西北一年两熟区主要以小麦、玉米轮作为主，考虑到为下茬冬小麦留足生育期，宜选择生育期较短、苞叶松散、抗虫、高抗倒伏的耐密植玉米品种。西南及南方玉米区以丘陵、山地为主，种植方式复杂多样，种植制度有一年一熟和一年多熟，间套作复种是玉米种植的主要特点，可根据不同地域的特点，选择相应的多抗、高产玉米品种。

（二）种子处理

精量播种地区，必须选用高质量的种子并进行精选处理，要求处理后的种子纯度达到96%以上，净度达98%以上，发芽率达95%以上。有条件的地区可进行等离子体或磁化处理。播种前，应针对当地各种病虫害实际发生的程度，选择相应防治药剂进行拌种或包衣处理。特别是玉米丝黑穗病、苗枯病等土传病害和地下害虫严重发生的地区，必须在播种前做好病虫害预防处理。

（三）播前整地

东北、西北地区提倡在前茬秋收后、土壤冻结前做好播前准备，包括深松、灭茬、旋耕、耙地、施基肥等作业，有条件的地区应采用多功能联合作业机具进行作业，大力提倡和推广保护性耕作技术。深松作业的深度以打破犁底层为原则，一般为 30~40 厘米；深松作业时间应根据当地降雨时空分布特点选择，以便更多地纳蓄自然降水；建议每隔 2~4 年进行一次。当地表紧实或明草较旺时，可利用圆盘耙、旋耕机等机具实施浅耙或浅旋，表土处理不超过 8 厘米。实施保护性耕作的区域，应按照保护性耕作技术要点和操作规程进行作业。

黄淮海地区小麦收获时，采用带秸秆粉碎的联合收获机，留茬高度低于 20 厘米，秸秆粉碎后均匀抛撒，然后直接免耕播种玉米，一般不需要进行整地作业。

西南和南方玉米产区，在播前可进行旋耕作业。丘陵山地可采用小型微耕机具作业，平坝地区和缓坡耕地可采用中小型机具作业。对于黏重土壤，可根据需要实施深松作业。

二、播种

适时播种是保证出苗整齐度的重要措施，当地温在 8~12℃，土壤含水量 14%左右时，即可进行播种。合理的种植密度是提高单位面积产量的主要因素之一，各地应按照当地的玉米品种特性，选定合适的播量，保证亩株数符合农艺要求。应尽量采用机械化精量播种技术，作业要求是：单粒率≥85%，空穴率<5%，伤种率≤1.5%；播深或覆土深度一般为 4~5 厘米，误差不大于 1 厘米；株距合格率≥80%；种肥应施在种子下方或侧下方，与种子相隔 5 厘米以上，且肥条均匀连续；苗带直线性好，种子左右偏差不大于 4 厘米，以便于田间管理。

东北地区垄作种植行距采用 60 厘米或 65 厘米等行距，并逐步向 60 厘米等行距平作种植方式发展；黄淮海地区采用 60 厘米等行距种植方式，前茬小麦种植时应考虑对应玉米种植行距的需求，尽量不采用套种方式；西部采用宽窄行覆膜种植的地区，也应尽量统一宽窄行距。西南和南方种植区，结合当地实际，合理确定相对稳定、适宜机械作业的种植行距和种植模式，选择与之配套的中小型精量播种机具进行播种。

三、田间管理

（一）苗期管理

苗期管理的主攻目标是通过促控措施促进根系发育，控制地上部徒长，培育壮苗，达到苗全、苗齐、苗壮，为穗粒期的健壮生长和良好发育奠定基础。

苗期管理措施：

1. 破土防旱，助苗出土

玉米播种后，常遇土壤干旱，持水量低于 60%，则产生炕种、炕芽、干霉，或出土后枯死，导致缺苗。亦有播种出苗前遇大雨、暴雨，引起土面板结，空气不足，玉米幼苗变黄，潜伏于板结层下难以出土，故应注意破土及防旱，助苗出土。

2. 查苗补缺

玉米播种后常因种子质量、整地和播种质量、土壤温度、水分以及病虫害等原因造成缺苗，严重影响密度和整齐度。所以，玉米出苗后要及时查苗、补缺。玉米缺苗在二叶后一般不宜补种，否则造成苗龄悬殊，株穗不整齐，穗小空秆，失去补种的作用。因此，播种时应在行间增播 1/10 的种子，或按 5%～10%的比例人工育苗，苗龄 2.5～4 叶时，在阴天或傍晚带土移栽，栽后浇水，覆土保墒。成活后追施速效化肥，促苗生长，提高大田整齐度。

3. 间苗、定苗

为了确保种植密度和整齐度，播种时一般应播超过种植密度 1～2 倍的种子，出苗后 3～4 叶期要及时间苗定株。间苗原则是间密留稀，间弱留强。地下害虫、鸟兽危害严重的地区，为避免早间苗造成缺苗或晚间苗形成老苗、弱苗，可分次间苗，第一次在幼苗3~4叶时间去过多密集的幼苗；第二次在4~5叶时结合定苗间苗，定苗要掌握定向、留匀、留壮的原则，在一穴内留苗要大小相等，整齐一致，株距均匀。

4. 水肥管理

玉米苗期需肥量不足总需肥量的10%，需水量占总需水量的18%以下。若基肥、种肥以及底墒不足，严重影响幼苗生长，除早施重施苗肥和浇水外，一般采用勤锄、深锄、轻施和偏施的管理措施，促进发根，控上促下，蹲苗促壮，为后期矮秆、大穗，基部节间短、粗，抗旱抗倒奠定基础。

5. 防治害虫

地老虎是玉米苗期主要地下害虫，另有蛴螬、蝼蛄等为害，常造成缺苗，特别是春玉米较严重，要加强防治。

（二）穗期管理

穗期的生长特点：穗期是茎、叶的营养生长与雄、雌穗分化发育的生殖生长并进的双旺时期。穗期管理措施有：

1. 追肥

穗期追肥包括拔节肥和穗肥。苗期缺肥、长势差的春玉米，或生育期短的夏秋玉米和未施底肥、生长势弱的套种玉米，拔节肥与穗肥并重。拔节肥促进生长发育，搭好丰产架子。对底、苗肥充足，苗势旺，叶色深的玉米，可不施拔节肥，而在大喇叭口期集中重施穗肥，既攻大穗和穗三叶，又防止基部节间过长而发生倒伏，增产效果十分明显。

2. 中耕培土

中耕培土要结合追肥进行，一般浅锄利于根系横向分布和下扎，中耕过深伤根多，影响对肥、水的吸收。追肥结合培土，既使肥料深埋，减少养分损失，又利于支持根入土发生分支，对后期水分、养分的吸收以及抗倒起重要作用。培土的时间以追施穗肥的大喇叭口期进行为宜。如培土早，则根际温度低，空气不足，抑制节根的发生和生长，进而影响玉米产量且抗倒力减弱。

（三）粒期管理

粒期主要是通过促控管理措施防止叶片退黄、根系早衰。粒期管理措施主要有以下几点：

1. 补施粒肥

在早施穗肥或用量不足，出现叶片落黄脱肥现象时，于开花或灌浆期以追肥总量的10%的速效氮肥补施一次粒肥，可起到延长绿叶功能期，养根、保叶，提高粒重的作用。

2. 去雄

在玉米抽雄散粉前拔除雄穗，让雄穗所消耗的养分、水分转供雌穗的生长发育，可使果穗增长，穗粒数和粒重增加，秃顶减轻。去雄的时间以抽雄未散粉前为宜，过早容易损伤第1~2片顶叶，过晚已散粉，降低去雄作用。去雄宜在晴天上午10时至下午3时进行，利于伤口愈合，避免病菌感染。阴雨连绵天气不宜去雄。去雄可隔行或隔株，去弱留强，去雄不宜超过1/3。山地、坡地或迎风面的两行不宜去雄。

3. 人工辅助授粉

采用人工辅助授粉可增加授粉机会，提高结实率，一般当代可增产8%~10%，地方品种下代还能增产8%左右。人工辅助授粉宜在盛花期晴天上午9—11时，露水干后进行。可二人拉绳或用竹竿扎成的丁字形架推动雄穗或摇动植株，促使花粉散落到花丝上，隔天一次，一般进行2~3次。在花粉量不足或缺乏花粉的条件下，需要从采粉地块一次采集50~100株的混合花粉，用授粉器逐株授粉，隔天一次，连续3~4次，这种方法虽速度慢，但效果好。

4. 排水防渍

玉米乳熟期降雨过多，田间持水量长时间超过 80%，或田间渍水，会使根系活力迅速下降，叶片变黄。也易引起玉米倒伏，应注意排水防涝。

四、收获与贮藏

（一）收获

根据不同的品种特性及生产目的确定适时收获期。以收获籽粒为收获目标的普通玉米，在植株变黄、苞叶枯松发白、籽粒硬化而表观亮泽时收获为宜；甜玉米在开花授粉后 20 天采收甜度最高；高赖氨酸玉米一般在苞叶变黄时即可采收。

（二）贮藏

根据不同的品种特性进行贮藏。普通玉米晒干后贮藏；高赖氨酸玉米比普通玉米更易吸湿回潮，因此贮藏籽粒的仓库通风密闭要好；高油玉米贮藏过程中易发热霉变，最好带穗贮藏。

第四节 马铃薯生产技术

一、播前准备

（一）品种选用

根据用途（鲜食、加工），选择适应当地种植的高产、优质、抗病虫、抗逆、适应性广、商品性好的脱毒马铃薯（薯类）品种。

（二）整地

深耕改土，土层深度 40 厘米左右，耕作深度 20~30 厘米，精细整地，均匀起畦种植。建好节水灌溉的田间排灌沟，避免和减轻旱涝对马铃薯的影响。

（三）施基肥

基肥用量占总用肥量的 80%以上。结合整地每亩施 1 500 千克左右的有机肥（堆肥）。播种时，株间每亩配施 10 千克尿素、15 千克磷酸二铵、5 千克硫酸钾或等同纯氮磷钾含量的专用肥或复合肥（忌用氯化钾）。

（四）种薯处理

1. 催芽

播前 15～30 天将冷藏或经物理、化学方法人工解除休眠的种薯，放入室内近阳光处或室外背风向阳处平铺 2～3 层，温度 15～20℃，夜间注意防寒，3～5 天翻动一次，均匀见光壮芽。在催芽过程中淘汰病、烂薯和纤细芽薯，催芽时要避免阳光直射、雨淋和霜冻等。

2. 切块

播种时温度较高、湿度较大的地区，不宜切块。必要时，在播前 4～7 天，选择健康的、生理年龄适当的较大种薯切块。机械播种可切大块，每块重 35～45 克。人工播种可切小块，每块重 30～35 克。每个切块带 1～2 个芽眼。切刀每使用 10 分钟后或在切到病、烂薯时，用 5%的高锰酸钾溶液或 75%酒精浸泡 1～2 分钟或擦洗消毒。切块后立即用含有多菌灵（约为种薯重量的 0.3%）或甲霜灵（约为种薯重量的 0.1%）的不含盐碱的植物草木灰或石膏粉拌种，并进行摊晾，使伤口愈合，勿堆积过厚，以防烂种。

二、播种

（一）播种期的确定

根据各地气候规律、品种特性和市场需求选择适宜的播期。

播种过早，常因低温影响，造成缺苗严重；播种过迟，又耽误马铃薯后茬的生产季节。以5~10厘米深度土壤温度稳定在10℃以上时播种比较适宜。

（二）播种方式

采用机械播种或人工播种。地温低而含水量高的土壤宜浅播，播种深度约5厘米；地温高而干燥的土壤宜深播，播种深度约10厘米。播种后及时镇压，防止跑墒。降水量少的干旱地区宜平作，降水量较多或有灌溉条件的地区宜垄作。播种季节地温较低或气候干燥时，宜采用地膜覆盖。

（三）播种密度

根据品种和栽培条件确定不同的播种密度。早熟品种及高肥力的地块适当密植，4 000~4 700株/亩，晚熟品种及肥力较低的地块适当稀植，3 500~4 000株/亩。

三、田间管理

（一）发芽期管理

1. 耢地、松土

一般在播种后每隔7~10天耢地一次，耢2~3次，耢地时幼芽已伸长但未出土，目的是提高地温，保持土壤疏松透气，减少水分蒸发，使块茎早发芽，早出苗，并有除草作用。

2. 苗前浇水

一般情况不浇水，若土壤严重干旱，进行苗前浇水。

（二）幼苗期管理

1. 中耕

在苗齐之后，苗高7~10厘米时，进行中耕1~2次，深度10厘米左右，浅培土，同时结合除草。

2. 查苗、补苗

发现缺苗断垄现象及时补苗。选缺苗附近苗较多的穴，取苗补栽，厚培土，外露苗顶梢 2~3 个叶片，天气干旱时，栽苗后要浇水。

3. 施肥

根据幼苗的长势长相酌情施肥，一般施总追肥量的 6%~10%。如基肥不足，立即每亩追施尿素 15 千克或浇施腐熟人粪尿 750~1 000 千克。

4. 浇水

视墒情酌情浇水。

（三）块茎形成期管理

1. 追肥

现蕾期追肥，以钾肥为主，结合施氮肥，以保证前、中期不缺肥，后期不脱肥。

2. 灌水

块茎形成期枝叶繁茂，需水量多，土壤水分含量以田间持水量的 60%为宜，遇旱应灌溉，以防干旱中止块茎形成，减少块茎数量，但不能大水漫灌以免形成畸形薯。

3. 中耕培土

苗期中耕后 10~15 天进行一次中耕，深度 7 厘米，现蕾时再中耕一次，深 4 厘米左右，这两次中耕要结合培土，第一次培土宜浅，第二次稍厚。基部枝条一出来就培土压蔓，匍匐茎一旦露出地表也应培土，以利于结薯。

4. 摘花摘蕾

马铃薯花蕾生长要消耗大量养分，所以见花蕾就尽量掐去，以促进薯块膨大，增加产量。摘花摘蕾可增产 10%左右。

（四）块茎增长期管理

1. 叶面追肥

马铃薯开花以后，植株已封垄，一般不宜根际追肥。根据植株长势叶面喷施磷酸二氢钾、硼、铜等溶液，防止叶片早衰。

2. 浅中耕

植株封垄前进行最后一次浅中耕，避免切断匍匐茎。

3. 浇膨大水

现蕾期开始至采收前一周不干地皮。此期如土层干燥，开花期应浇水，头三水更属关键，所谓“头水紧，二水跟，三水浇了有收成”，浇水后浅中耕破除土壤板结。

（五）淀粉积累期管理

1. 适当轻灌

此期如土壤过干应适当轻灌，收获前 10～15 天应停止灌水，促使薯皮老化。对于块茎易感染腐烂病的品种，结薯后期应少浇水或早停止浇水，不能大水漫灌。如雨水过多，应做好排涝工作，以防薯腐烂。

2. 叶面追肥

淀粉积累阶段需肥量较少，约占一生总量的 25%，开花期以后原则上不应追施氮肥。有条件的可喷施磷、钾、镁、硼肥溶液，防止叶片早衰。

四、收获与贮运

（一）适时收获

马铃薯在生理成熟期收获，产量、干物质含量、还原糖含量均最高，生理成熟的标志是：①大部分叶片由绿变黄转枯；②块茎与植株容易脱落；③块茎大小、色泽正常，表皮韧性大，不易脱落。加工用薯要求块茎正常、生理成熟才能收获，此时品质最优。鲜食一般应根据市场需求来确定收获时期，以便获得最高的经济收益。对于后期多雨地区，应抢时早收，避免田间腐烂损失。如果是收获种薯，可在茎叶未落黄时割掉地上茎叶，适当提前采收，以防止后期地上部茎叶感病后将病菌传到块茎，使种薯带上病菌而影响种薯质量。收获应选晴天进行，先割（扯）去茎叶，然后逐垄仔细收挖。在收挖过程中应尽量避免挖烂、碰伤、擦伤等机械损伤以及漏挖。

（二）科学贮运

马铃薯收获后晾干表皮水汽，使皮层老化。贮存场所要宽敞、阴凉、通风，堆高不要超过 50 厘米，晾干水汽，不要有直射光线（暗处）。也可视市场行情，晴天随收、随挑、随装、随售，薯块最好包纸或套袋，要避免薯块见光变绿，影响商品率和品质。运输时注意防止强光、潮湿，避免青头，擦伤。

第五节　大豆生产技术

一、播前准备

（一）品种选择及其处理

1. 品种选择

按当地生态类型及市场需求，因地制宜地选择通过审定的耐密、秆强抗倒、丰产性突出的主导品种，品种熟期要严格按照品种区域布局规划要求选择，杜绝跨区种植。

2. 种子精选

应用清选机精选种子，要求纯度≥99%，净度≥98%，发芽率≥95%，水分≤13.5%，粒型均匀一致。

3. 种子处理

应用包衣机将精选后的种子和种衣剂拌种包衣。在低温干旱情况下，种子在土壤中时间长，易遭受病虫害，可用大豆种衣剂按药种比 1：75~100 防治。防治大豆根腐病可用种子量 0.3%的

50%多菌灵拌种。虫害严重的地块要选用既含杀菌剂又含杀虫剂的包衣种子；未经包衣的种子，需用35%甲基硫环磷乳油拌种，以防治地下害虫，拌种剂可添加钼酸铵，以提高固氮能力和出苗率。

（二）整地与轮作

1. 轮作

尽可能实行合理的轮作制度，做到不重茬、不迎茬。实施“玉米—玉米—大豆”和“麦—杂—豆”等轮作方式。

2. 整地

大豆是深根系作物，并有根瘤菌共生。要求耕层有机质丰富，活土层深厚，土壤容重较低及保水保肥性能良好。适宜作业的土壤含水率为15%~25%。

（1）保护性耕作。实行保护性耕作的地块，如田间秸秆（经联合收割机粉碎）覆盖状况或地表平整度影响免耕播种作业质量，应进行秸秆匀撒处理或地表平整，保证播种质量。可应用联合整地机、齿杆式深松机或全方位深松机等进行深松整地作业。提倡以间隔深松为特征的深松耕法，构造“虚实并存”的耕层结构。间隔3~4年深松整地1次，以打破犁底层为目的，深度一般为35~40厘米，稳定性≥80%，土壤膨松度≥40%，深松后应及时合墒，必要时镇压。对于田间水分较大、不宜实行保护性耕作的地区，需进行耕翻整地。

（2）东北地区。对上茬作物（玉米、高粱等）根茬较硬，没有实行保护性耕作的地区，提倡采取以深松为主的松旋翻耙，深浅交替整地方法。可采用螺旋型犁、熟地型犁、复式犁、心土混层犁、联合整地机、齿杆式深松机或全方位深松机等进行整地作业。①深松。间隔3~4年深松整地1次，深松后应及时合墒，必要时镇压。②整地。平播大豆尽量进行秋整地，深度20~25

厘米，翻耙耢结合，无大土块和暗坷垃，达到播种状态；无法进行秋整地而进行春整地时，应在土壤“返浆”前进行，深度15厘米为宜，做到翻、耙、耢、压连续作业，达到平播密植或带状栽培要求状态。③垄作。整地与起垄应连续作业，垄向要直，100米垄长直线度误差不大于2.5厘米（带GPS作业）或100米垄长直线度误差不大于5厘米（无GPS作业）；垄体宽度按农艺要求形成标准垄形，垄距误差不超过2厘米；起垄工作幅误差不超过5厘米，垄体一致，深度均匀，各铧入土深度误差不超过2厘米；垄高一致，垄体压实后，垄高不小于16厘米（大垄高不小于20厘米），各垄高度误差应不超过2厘米；垄形整齐，不起垡块，无凹心垄，原垄深松起垄时应包严残茬和肥料；地头整齐，垄到地边，地头误差小于10厘米。

（3）黄淮海地区。前茬一般为冬小麦，具备较好的整地基础。没有实行保护性耕作的地区，一般先撒施底肥，随即用圆盘耙灭茬2~3遍，耙深15~20厘米，然后用轻型钉齿耙浅耙一遍，耙细耙平，保障播种质量；实行保护性耕作的地区，也可无须整地，待墒情适宜时直接播种。

二、播种

（一）适期播种

东北地区要抓住地温早春回升的有利时机，耕层地温稳定通过5℃时，利用早春“返浆水”抢墒播种。

黄淮海地区要抓住麦收后土壤墒情较好的有利时机，抢墒早播。

在播种适期内，要根据品种类型、土壤墒情等条件确定具体播期。中晚熟品种应适当早播，以便保证霜前成熟；早熟品种应适当晚播，使其发棵壮苗；土壤墒情较差的地块，应当抢墒早播，播后及时镇压；土壤墒情好的地块，应根据大豆栽培的地理位置、气候条件、栽培制度及大豆生态类型具体分析，选定最佳播期。

（二）种植密度

播种密度依据品种、水肥条件、气候因素和种植方式等来确定。植株高大、分枝多的品种，适于低密度；植株矮小、分枝少的品种，适于较高密度。同一品种，水肥条件较好时，密度宜低些；反之，密度高些。东北地区，一般小垄保苗以 2 万株/亩为宜；大垄密植和平作保苗以 2.3 万~2.4 万株/亩为宜。黄淮海地域麦茬地窄行密植平作保苗以 2.0 万~2.3 万株/亩为宜。

（三）播种质量

播种质量是实现大豆一次播种保全苗、高产、稳产、节本、增效的关键和前提。建议采用机械化精量播种技术，一次完成施肥、播种、覆土、镇压等作业环节。

参照中华人民共和国农业行业标准 NY/T 503—2015《单粒（精密）播种机　作业质量》，以覆土镇压后计算，黑土区播种深度 3~5 厘米，白浆土及盐碱土区播种深度 3~4 厘米，风沙土区播种深度 5~6 厘米，确保种子播在湿土上。播种深度合格率≥75.0%，株距合格指数≥60.0%，重播指数≤30.0%，漏播指数≤15.0%，变异系数≤40.0%，机械破损率≤1.5%，各行施肥量偏差≤5%，行距一致性合格率≥90%，邻接行距合格率≥90%，垄上播种相对垄顶中心偏差≤3 厘米，播行 50 米直线性偏差≤5 厘米，地头重（漏）播宽度≤5 厘米，播后地表平整、镇压连续，晾籽率≤2%；地头无漏种、堆种现象，出苗率≥95%。实行保护性耕作的地块，播种时应避免播种带土壤与秸秆根茬混杂，确保种子与土壤接触良好。调整播量时，应考虑药剂拌种使种子质量增加的因素。

播种机在播种时，结合播种施种肥于种侧 3~5 厘米、种下 5~8 厘米处。施肥深度合格指数≥75%，种肥间距合格指数≥80%，地头无漏肥、堆肥现象，切忌种肥同位。

随播种施肥随镇压，做到覆土严密，镇压适度（3~5 千克/厘米^2），无漏无重，抗旱保墒。

（四）播种机具选用

根据当地农机装备市场实际情况和农艺技术要求，选用带有施肥、精量播种、覆土镇压等装置和种肥检测系统的多功能精少量播种机具，一次性完成播种、施肥、镇压等复式作业。夏播大豆可采用全秸秆覆盖少免耕精量播种机，少免耕播种机应具有较强的秸秆根茬防堵和种床整备功能，机具以不发生轻微堵塞为合格。一般施肥装置的排肥能力应达到 90 千克/亩以上，夏播大豆用机的排肥能力达到 60 千克/亩以上即可。提倡选用具有种床整备防堵、侧深施肥、精量播种、覆土镇压、喷施封闭除草剂、秸秆均匀覆盖和种肥检测功能的多功能精少量播种机具。

三、田间管理

（一）施肥

残茬全部还田，基肥、种肥和微肥接力施肥，防止大豆后期脱肥，种肥增氮、保磷、补钾三要素合理配比；夏大豆根据具体情况，种肥和微肥接力施肥。提倡测土配方施肥和机械深施。

1. 底肥

施优质农家肥 1 500~2 000 千克/亩，结合整地一次施入；或施尿素 4 千克/亩、二铵 7 千克/亩、钾肥 7 千克/亩左右，结合耕整地，深施于土壤 12~14 厘米深处。

2. 种肥

根据土壤有机质、速效养分含量、施肥实验测定结果、肥料供应水平、品种和前茬情况及栽培模式，确定各地区具体施肥量。在没有进行测土配方平衡施肥的地块，一般氮磷钾纯养分按 1∶1.5∶1.2 比例配用，肥料商品量种肥每亩尿素 3 千克、二铵 4.5 千克、钾肥 4.5 千克左右。

3. 追肥

根据大豆需肥规律和长势情况，动态调剂肥料比例，追施适量营养元素。当氮、磷肥充足条件下应注意增加钾肥的用量。在花期喷施叶面肥。一般喷施两次，第一次在大豆初花期，第二次在结荚初期，可用尿素加磷酸二氢钾喷施，用量一般每公顷用尿素 7.5~15.0 千克加磷酸二氢钾 2.5~4.5 千克兑水 750 千克。中小面积地块尽量选用喷雾质量和防漂移性能好的喷雾机（器），使大豆叶片上下都有肥；大面积作业，推荐采用飞机航化作业方式。

（二）中耕除草

1. 中耕培土

垄作春大豆产区，一般中耕 3~4 次。在第一片复叶展开时，进行第一次中耕，耕深 15~18 厘米，或于垄沟深松 18~20 厘米，要求垄沟和垄帮有较厚的活土层；在株高 25~30 厘米时，进行第二次中耕，耕深 8~12 厘米，中耕机需高速作业，提高拥土挤压苗间草效果；封垄前进行第三次中耕，耕深 15~18 厘米。次数和时间不固定，根据苗情、草情和天气等条件灵活掌握，低涝地应注意培高垄，以利于排涝。

平作密植春大豆和夏大豆少免耕产区，建议中耕 1~3 次。以行间深松为主，深度分别为首次 18~20 厘米，第二、第三次 8~12 厘米，松土灭草。

推荐选用带有施肥装置的中耕机，结合中耕完成追肥作业。

2. 除草

采用机械、化学综合灭草原则，以播前土壤处理和播后苗前土壤处理为主，苗后处理为辅。

（1）机械除草。①封闭除草。在播种前用中耕机安装大鸭掌齿，配齐翼型齿，进行全面封闭浅耕除草。②耙地除草。即用轻型或中型钉齿耙进行苗前耙地除草，或者在发生严重草荒时，不得已进行苗后耙地除草。③苗间除草。在大豆苗期（一对真叶展开至第三复叶展开，即株高10~15厘米时），采用中耕苗间除草机，边中耕边除草，锄齿入土深度2~4厘米。

（2）化学除草。根据当地草情，选择最佳药剂配方，重点选择杀草谱宽、持效期适中、无残效、对后茬作物无影响的除草剂，应用雾滴直径250~400微米的机动喷雾机、背负式喷雾机、电动喷雾机、农业航空植保等机械实施化学除草作业，作业机具要满足压力、稳定性和安全施药技术规范等方面的要求。

（三）病虫害防治

采用种子包衣方法防治根腐病、胞囊线虫病和根蛆等地下病虫害，各地可根据病虫害种类选择不同的种衣剂拌种，防治地下病虫害与蓟马、跳甲等早期虫害。建议各地实施科学合理的轮作方法，从源头预防病虫害的发生。根据苗期病虫害发生情况选用适宜的药剂及用量，采用喷杆式喷雾机等植保机械，按照机械化植保技术操作规程进行防治作业。大豆生长中后期病虫害的防治，应根据植保部门的预测和预报，选择适宜的药剂，遵循安全施药技术规范要求，依据具体条件采用机动喷雾机、背负式喷雾喷粉机、电动喷雾机和农业航空植保等机具和设备，按照机械化植保技术操作规程进行防治作业。各地应加强植保机械化作业技术指导与服务，做到均匀喷洒、不漏喷、不重喷、无滴漏、低漂移，以防出现药害。

（四）化学调控

高肥地块大豆窄行密植由于群体大，大豆植株生长旺盛，要在初花期选用多效唑、三碘苯甲酸等化控剂进行调控，控制大豆徒长，防止后期倒伏；低肥力地块可在盛花、鼓粒期叶面喷施少量尿素、磷酸二氢钾，以及硼、锌微肥等，防止后期脱肥早衰。根据化控剂技术要求选用适宜的植保机械设备，按照机械化植保技术操作规程进行化控作业。

（五）排灌

根据气候与土壤墒情，播前抗涝、抗旱应结合整地进行，确保播种和出苗质量。生育期间干旱无雨，应及时灌溉；雨水较多、田间积水，应及时排水防涝；开花结荚、鼓粒期，适时适量灌溉，协调大豆水分需求，提高大豆品质和产量。提倡采用低压喷灌、微喷灌等节水灌溉技术。

四、收获

大豆机械化收获的时间要求严格，适宜收获期因收获方法不同而异。用联合收割机直接收割方式的最佳时期在完熟初期，此时大豆叶片全部脱落，植株呈现原有品种色泽，籽粒含水量降为18%以下；分段收获方式的最佳收获期为黄熟期，此时叶片脱落70%~80%，籽粒开始变黄，少部分豆荚变成原色，个别仍呈现青绿色。采用“深、窄、密”种植方式的地块，适宜采用直接收割方式收获。

大豆直接收获可用大豆联合收割机，也可借用小麦联合收割机。由于小麦联合收割机型号较多，各地可根据实际情况选用，但必须用大豆收获专用割台。一般滚筒转速为500~700转/分，应根据植株含水量、喂入量、破碎率、脱净率情况，调整滚筒转速。

分段收获采用割晒机割倒铺放，待晾干后，用安装拾禾器的联合收割机拾禾脱粒。割倒铺放的大豆植株应与机组前进方向呈30°角，并铺放在垄台上，豆枝与豆枝相互搭接。

收获时要求割茬不留底荚，不丢枝，田间损失≤3%，收割综合损失≤1.5%，破碎率≤3%，泥花脸≤5%。

第六节　花生生产技术

一、播前准备

（一）品种选择

根据当地生产和种源条件，选择结果集中、结果深度浅、适收期长、不易落果、荚果外形规则的优质、高产、抗逆性强，适合机械化生产的直立型抗倒伏品种。

（二）土壤条件与地块选择

土壤条件要求理化性状好、土质疏松、土层深厚。地块规整、地势平坦，集中连片，排灌条件良好，适宜机械化作业。

（三）土地耕整

春播花生在前茬作物收后，及时进行机械耕整地，耕翻深度一般在22~25厘米，要求深浅一致，无漏耕，覆盖严密。在冬耕基础上，播前精细整地，保证土壤表层疏松细碎，平整沉实，上虚下实，拣出大于5厘米石块、残膜等杂物。夏播花生在前茬作物收获后，及时耕整地，达到土壤细碎、无根茬。

结合土地耕整，同时进行底肥施用和土壤处理。

（四）种子准备

种粒大小一致，种子纯度96%以上，种子净度99%以上，籽仁发芽率95%以上。播种前，按农艺要求选用适宜的种衣剂，对花生种子进行包衣（拌种）处理，处理后的种子，应保证排种通畅，必要时需进行机械化播种试验。

（五）地膜选择

选用宽度适宜、不破损、抗拉强度高的优质地膜，宽度以800~900毫米、厚度不小于0.008毫米为宜，要求断裂伸长率（纵/横）100%，伸展性好，以利于机械化覆膜及机械化回收。

二、播种

（一）播期选择

花生的播期要与当地自然条件、栽培制度和品种特性紧密结合，根据地温、墒情、种植品种、土壤条件及栽培方法等全面考虑，灵活掌握。播种前5天5厘米日平均地温达15℃以上为适宜播期，播期选择注意收获期避开雨季。坚持足墒播种，播种时5~10厘米土层土壤含水量不能低于15%，如果墒情不足，应提前浇水造墒。

（二）播种

1. 播种深度

要根据墒情、土质、气温灵活掌握，一般机械播种以5厘米左右为宜。砂壤土、墒情差的地块可适当深播，但不能深于7厘米；土质黏重、墒情好的地块可适当浅播，但不能浅于3厘米。

2. 播种密度

花生机械播种为穴播，以大花生每亩8 000~10 000穴、小花生每亩10 000~12 000穴为宜，每穴2粒。一般情况下，播种早、土壤肥力高、降雨多、地下水位高的地方，或播种中晚熟品种，播种密度要小；播种晚、土壤瘠薄、中后期雨量少、气候干燥、无水利条件的地方，或播种早熟品种，播种密度宜大。

3. 播种要求

花生播种一般采用一垄双行（覆膜）播种和宽窄（大小）行平作播种。

（1）一垄双行垄距控制在 80~90 厘米，垄上小行距 28~33 厘米，垄高 10~12 厘米，穴距 14~20 厘米。同一区域垄距、垄面宽、播种行距应尽可能规范一致。覆膜播种苗带覆土厚度应达到 4~5 厘米，利于花生幼苗自动破膜出土。

易涝地宜采用一垄双行（覆膜）高垄模式播种，垄高 15~20 厘米，以便机械化标准种植和配套收获。

（2）平作播种。等行平作模式应改为宽窄行平作播种，以便机械化收获。宽行距 45~55 厘米，窄行距 25~30 厘米。在播种机具的选择上，应尽量选择一次完成施肥、播种、镇压等多道工序的复式播种机。其中，夏播花生可采用全秸秆覆盖碎秸清秸花生免耕播种机进行播种。

（3）播种作业质量要求。机播要求双粒率在 75%以上，穴粒合格率在 95%以上，空穴率不大于 2%，破碎率小于 1.5%。所选膜宽应适合机宽要求。作业时尽量将膜拉直、拉紧，覆土应完全，并同时放下镇压轮进行镇压，使膜尽量贴紧地面。

三、田间管理

（一）中耕施肥

在始花期前完成中耕追肥作业。可选用带施肥装置的中耕机一次完成中耕除草、深施追肥和培土等工序。

（二）病虫害防治

根据植保部门的预测预报，选择适宜的药剂和施药时间。在植保机具选择上，可采用机动喷雾机、背负式喷雾喷粉机、电动喷雾机、农业航空植保等机具。机械化植保作业应符合喷雾机

(器) 作业质量、喷雾器安全施药技术规范等方面的要求。

(三) 化控调节，防徒长倒伏

花生盛花到结荚期，株高超过35厘米，有徒长趋势的地块，须采用化学药剂进行控制，防止徒长倒伏。喷洒器械应选择液力雾化喷雾方式。如采用半喂入花生联合收获，还应确保花生秧蔓到收获期保持直立。

(四) 排灌

花生生育期间干旱无雨，应及时灌溉；如雨水较多、田间积水，应及时排水防涝以免烂果，确保产量和质量。

四、收获

(一) 收获期

一般当花生植株表现衰老，顶端停止生长，上部叶和茎秆变黄，大部分荚果果壳硬化，网纹清晰，种皮变薄，种仁呈现品种特征时即可收获。收获期要避开雨季。

(二) 收获条件

土壤含水率在10%～18%，手搓土壤较松散时，适合花生收获机械作业。土壤含水率过高，无法进行机械化收获；含水率过低且土壤板结时，可适度灌溉补墒，调节土壤含水率后机械化收获。

(三) 收获方式选择

应根据当地土壤条件、经济条件和种植模式，选择适宜的机械化收获方式和相应的收获机械。

1. 分段式收获

提倡采用花生收获机挖掘、抖土和铺放，捡拾摘果机完成捡拾摘果清选，或人工捡拾、机械摘果清选。在丘陵坡地，可采用花生挖掘机起花生，人工捡拾，机械摘果清选。

花生收获机作业质量要求：总损失率5%以下，埋果率2%以下，挖掘深度合格率98%以上，破碎果率1%以下，含土率2%以下；无漏油污染，作业后地表较平整、无漏收、无机组对作物碾压、无荚果撒漏。

花生挖掘机作业质量要求：挖掘深度合格率98%以上，破碎果率1%以下，无漏油污染，作业后地表较平整、无漏收、无机组对作物碾压、无荚果撒漏。

2. 联合收获

采用联合收获机一次性完成花生挖掘、输送、清土、摘果、清选、集果作业。联合收获机的选择应与播种机匹配。

半喂入花生联合收获机作业质量要求：总损失率3.5%以下，破碎率1%以下，未摘净率1%以下，裂荚率1.5%以下，含杂率3%以下；无漏油污染，作业后地表较平整、无漏收、无机组对作物碾压、无荚果撒漏。

全喂入花生联合收获机作业质量要求：总损失率5.5%以下，破碎率2%以下，未摘净率2%以下，裂荚率2.5%以下，含杂率5%以下；无漏油污染，作业后地表较平整、无漏收、无机组对作物碾压、无荚果撒漏。

（四）秧蔓处理

半喂入联合收获机收获后的花生秧蔓，应规则铺放，便于机械化捡拾回收。全喂入联合收获机收获后的花生秧蔓，如做饲料使用，应规则铺放，便于机械化捡拾回收；如还田，应切碎均匀抛洒地表。

五、机械脱壳

机械脱壳时，应根据花生品种的大小，选择合适的凹版筛孔，合理调整脱粒滚筒与凹版筛的工作间隙，并注意避免喂入量过大，防止花生仁在机器内停留时间过长和挤压强度过大而导致破损。脱壳时花生果不能太湿或太干，太潮湿降低效率，太干则易破碎。冬季脱壳，花生果含水率低于6%时，应均匀喷洒温水，用塑料薄膜覆盖10小时左右，然后在阳光下晾晒1小时左右即可进行脱壳。其他季节用塑料薄膜覆盖6小时左右即可。机械脱壳要求脱净率达98%以上，破碎率不超过5%，清洁度达98%以上，吹出损失率不超过0.2%。

第二章 果茶生产实用技术

第一节 桃生产技术

一、园地选择与规划

桃树建园要选择阳光充足、地势干燥、土层深厚、质地疏松、通气良好、有机质含量高的砂壤土或壤土地块建园，土壤厚度一般要求至少 50 厘米，土壤 pH 值 6.0~7.5。优先选择交通便利的平地建园，做好栽植密度、机械化管理空间规划，提前规划好道路、排灌系统和建筑物等。栽植区冬季绝对气温不能低于-25℃，低于-25℃的地区要做保护地栽培。

二、品种与砧木选择

（一）品种选择

选择适宜当地土壤、气候特点，抗病、抗逆性强，适应性广、商品性能好、优质丰产的品种，根据市场需求，成熟期合理搭配，宜选择花粉量大，能自花授粉的品种。无花粉或少花粉的品种应选择 2~3 个授粉品种，主栽品种和授粉品种的比例为（5~8）：1。

（二）砧木选择

砧木以山桃、毛桃为宜。

三、定植

（一）整地施肥

定植前开沟，沟宽 80~100 厘米，深不少于 60 厘米，回填时沟底施足基肥。基肥用量：农家肥每亩不少于 8 000 千克，或商品有机肥每亩不少于 2 000 千克。宜采用起垄栽培，结合回填起垄，垄宽 1 米左右，高 30~40 厘米。回填起垄后浇水沉实，苗木栽植在垄上。

（二）苗木质量要求

应选择品种纯正的嫁接苗，苗木高度 90 厘米以上，嫁接口以上 5 厘米处直径 1.0 厘米以上，整形带内饱满芽 8 个以上，砧穗愈合良好。有主根和较发达的须根，侧根长度 15 厘米以上，无根瘤和根结线虫等病虫害，无枝干病虫和机械损伤。

（三）栽植密度

宜采用宽行密植，具体栽植密度根据园地立地条件、品种、整形修剪方式而定，一般缓坡地以（1.5~2.5）米×(4~6) 米为宜，丘陵山地 3 米×4 米为宜。

（四）定植时期

秋季落叶后或次年春季萌芽前均可，越冬抽条现象较严重的区域以春季定植为宜。

（五）定植方法

定植前对根系进行修剪，将断根处剪平，用 k84 放线菌 1~2 倍液蘸根。定植时开挖 40 厘米见方的定植穴，将苗木放入定植穴内，根系要舒展，填土并踏实。栽植深度以浇水沉实后根茎部位与地表相平即可。

四、土肥水管理

（一）土壤管理

1. 覆盖

覆盖材料可选用作物秸秆、粉碎的树皮、蘑菇棒、通过发酵处理的牛羊粪等有机物料以及园艺地布等，将覆盖物覆盖到行内。有机物料覆盖宽度 1 米左右，厚度 10～15 厘米。园艺地布可选用宽 75～90 厘米的宽幅，沿树干方向左右各覆一幅。

2. 果园生草

提倡行间生草，行内覆盖的方式。生草包括自然生草和人工生草两种方式。

（1）自然生草。利用当地的杂草，拔除深根性、高秆杂草，保留浅根性、矮秆杂草；当草长到 30～40 厘米时进行刈割，建议留茬高度 5～10 厘米，每年 8 月行间旋耕 1 次。

（2）人工生草。以豆科类、禾本科类牧草为宜，推广种植长柔毛野豌豆、紫花苜蓿、黑麦草等。需要刈割的牧草按照自然生草刈割要求及时进行刈割。

（二）施肥

1. 秋施基肥

（1）施肥时间和类型。早中熟品种 8 月底至 9 月中旬，晚熟品种果实采收后至落叶前，越早越好。以充分腐熟的优质农家肥或商品有机肥为主，辅以速效性氮磷钾和中微量元素肥。

（2）施肥量。每生产 100 千克果实施用充分腐熟的优质农家肥 150～200 千克，或有机质含量 50% 以上商品有机肥（或生物有机肥）15～25 千克，混用氮磷钾肥。氮磷钾用量为每生产 100 千克果实，加用纯氮 0.6～0.8 千克，P_2O_5 0.3～0.5 千克，K_2O 0.8～1 千克，并混用含钙、镁、硼、锌、铁等螯合态中微量元素肥 1.5～2.5 千克。

（3）施肥方法。施肥方法采用放射状沟、条状沟、环状沟施肥法，沟宽 20～30 厘米，深 30～40 厘米。施肥部位：条状沟、环状沟树冠垂直投影向内开挖，放射状沟靠近树干一端距树干 60 厘米以上，外端不超过树冠垂直投影。基肥提倡集中施用，肥料应与土充分混合。

2. 追肥

（1）土壤追肥。肥料可选用全水溶冲施肥，结合肥水一体化进行追施。追肥的次数、时间、用量等根据品种、树龄、栽培管理方式、生长发育时期以及外界条件等而有所不同。通常于萌芽前、花芽分化期、果实膨大期及果实采收后分 3～4 次进行，前期以氮磷为主，后期以磷钾为主。果树萌芽前每亩可结合浇水施用高氮、高磷水溶肥 10～15 千克，加用黄腐酸肥料 10～15 千克，果实硬核期每亩施用高磷、高钾水溶肥 10～15 千克，加用黄腐酸肥料 10～15 千克，果实采收前 20 天左右施用高钾水溶肥 10～15 千克，果实采收后及时补充肥料，后期尽量控制氮肥施用量。

（2）根外追肥。结合病虫害防治进行叶面追肥。盛花期喷施 1 次 0.2%的硼砂溶液，果实膨大期喷施 2～3 次 0.3%～0.5%磷酸二氢钾溶液，落叶前喷施 1 次 2%～5%的尿素液。

（三）水分管理

1. 灌溉

浇水时期掌握在萌芽前、果实迅速膨大期和土壤封冻前，同时结合天气情况灵活掌握。灌溉方式宜采用滴灌、喷灌等节水灌溉技术，并配套肥水一体化设施，或采用行间沟灌技术。

2. 排水

完善排灌系统，汛期及时排出果园积水。

五、整形修剪

（一）树形

1. 树形选择原则

简化修剪技术，根据品种特性、栽植密度和管理方式，主要采用主干形、“Y”形，以及三、四主枝无侧枝开心形。

2. 主干形

干高50~60厘米，树高2.5~3.0米，有明显的中心干，中心干直立，其上均匀分布20~30个结果枝，结果枝粗度不超过其着生部位的1/4，角度80°~90°。

3. “Y”形

主干高度50~60厘米，其上着生两个主枝，对生，伸向行间，无中心干，两主枝夹角50°~60°，主枝上无侧枝，直接着生结果枝组。

4. 三、四主枝无侧枝开心形

干高50~60厘米，其上水平方位均匀着生3~4个主枝，无中心干，主枝基角20°~25°，主枝上无侧枝，直接着生结果枝组。

（二）修剪技术

包括冬剪和夏剪，以冬剪为主、夏剪为辅。冬剪主要采取长枝修剪的方法调整树体结构，结合长放、疏枝、回缩、拉枝、压枝等修剪方法维持树势平衡；夏剪主要通过抹芽、摘心等方法改善光照，疏除竞争枝，清头，保持主枝单轴延伸，主从分明。

六、花果管理

（一）授粉

1. 花期放蜂

花期释放壁蜂、蜜蜂或熊蜂。壁蜂或熊蜂于开花前3~4天放入果园，每亩 200~500 头；蜜蜂于开花前 10 天左右放入果园，每亩 2 000~3 000 头。

2. 人工点授

选择晴天上午，用带橡皮头的铅笔或用羽毛、烟蒂等做成的授粉棒，蘸上稀释后的花粉，由树冠内向外按照枝组顺序进行，点授到新开的花柱头上。长果枝点 5~6 朵，中果枝 3~4 朵，短果枝、花束状果枝 1~3 朵；每蘸 1 次可授 5~10 朵花，每序授 1~2 朵花，被点授的花朵在树冠内分布均匀。

3. 液体授粉

将花粉配制成花粉液，花期用喷雾器喷洒。花粉液的配制方法为：先用白糖 250 克，加尿素 15 克、水 5 千克，配成混合液，临喷前加花粉 10~12 克、硼砂 5 克，充分混匀。

（二）疏花疏果

1. 疏花

在蕾期至花期人工疏花。主要疏除畸形花、弱小的花、朝天花、无叶花，留下先开的花，疏掉后开的花；疏掉丛花，留双花、单花；疏基部花，留中部花。全树的疏花量约 1/3。

2. 疏果

疏果的原则是以产定果，盛果期的树要求每亩产量控制在 3 000 千克左右。大型果少留，小型果多留，长果枝留 3~4 个，中果枝留 2~3 个，短果枝、花束状结果枝各 1 个。疏果在谢花后 10~15 天进行，疏除小果、黄萎果、病虫果、并生果、无叶果、朝天果、畸形果。

（三）套袋与摘袋

1. 套袋

定果后及时套袋，选用材质牢固、耐雨淋日晒的袋子，套袋时间以晴天上午 9—11 时和下午 3—6 时为宜。套袋前 3~5 天喷施1次杀虫剂和保护性杀菌剂。

2. 摘袋

果实成熟前10~20天摘袋，浅色品种不用去袋，采收时果与袋一起摘下。

七、病虫害防控

（一）防控原则

积极贯彻“预防为主，综合防治”的方针。以农业和物理防控为基础，提倡生物防控，按照病虫害的发生规律，科学使用化学防控技术，将各种病虫害控制在经济阈值范围内。

（二）农业防控

通过选用抗性品种、合理施肥、科学的土壤管理、合理修剪等综合农艺管理措施，培育健壮树体，提高树体的抗逆能力，采取剪除病虫枝、人工捕捉、清除枯枝落叶、耕翻树盘、地面秸秆覆盖等措施抑制或减少病虫害发生。

（三）物理防控

刮除树干翘裂皮消灭越冬害虫，降低越冬害虫基数，利用糖醋液（糖5份，酒5份，醋20份，水80份）、绑草把等诱杀害虫，人工、机械捕捉害虫。

（四）生物防控

利用天敌、利用有益微生物或其代谢物、性信息素（性诱芯、性迷向丝）诱杀和控制害虫的发生。

（五）化学防控

化学防控仍是目前病虫害防治的主要方法。在化学防控上应根据防治对象的生物学特性和危害特点，提倡使用生物源农药、矿物源农药，禁止使用剧毒、高毒、高残留和致畸、致癌、致突变农药。

八、适期采收

果实的采收期取决于果实的成熟度及采收后的用途。过早采收，达不到应有的果实大小和重量，而且果实的品质也难以满足人们的需求；采收过晚，虽可以有较大的果个和较好的品质，但果实往往变软，在贮藏及运输中很容易腐烂而造成损失。一般作为在当地销售的桃果，采收后立即销售，可以适当晚一些采收，但也应在果实九成熟左右时采收；作为长期贮藏和远途运输的果实，可以适当早采，一般在八成熟时采收较好，这样既可以保证较大的果个和较好的品质，也可减少贮藏过程中的损耗。

桃果成熟度的判断，主要依据果实的硬度、果皮颜色、果实的生长期等。一般随着果实成熟度的提高，果实的硬度下降，变得有弹性，果面富有光泽，果实着色也开始发生变化。如华光、艳光等白肉油桃品种底色由绿变白，紧握果实有弹性时即达到九成熟，可以采摘上市，作为远距离运输还可以适当早采；而对于有些着色较早，不容易判断成熟度的品种，如曙光油桃等，则主要根据其果实的生长期长短、果面是否富有光泽及果实的弹性来判断，不能仅以果面是否变红作为适时采收的依据。

第二节　梨生产技术

一、园地选择与规划

梨的适应性很强。无论平地、丘陵、山区、河滩都可发展梨园，但应考虑运输、灌溉等条件。果园地址选定后，应结合地形、地势、道路、渠道和防护林等，将果园按 2～10 公顷不等划分为若干小区。丘陵坡地，小区长边尽可能与等高线平行，有利于水土保持，便于管理。

二、栽植技术

（一）苗木选择

选取无病虫危害，根系良好，株高在60厘米以上的优良苗木作为种苗。

（二）栽植时期

梨树定植时期要根据当地的气候条件来决定。冬季没有严寒的地区，适宜秋栽，一般在11月。在冬季寒冷、干旱或风沙较大的地区，秋栽容易发生抽条和干旱，因而最好在春季栽植，一般在土壤解冻后至发芽前进行，一般适宜在4月上中旬栽植。

（三）授粉树的配置

大多数的梨品种不能自花结果，或者自花坐果率很低，生产中配置适宜的授粉树是省工高效的重要手段。授粉品种必须具备如下条件：①与主栽品种花期一致；②花量大，花粉多，与主栽品种授粉亲和力强；③最好能与主栽品种互相授粉；④本身具有较高的经济价值。一个果园内最好配置两个授粉品种，以防止授粉品种出现小年时花量不足。主栽品种与授粉树比例一般为（4~5）：1。

（四）栽植密度

栽植密度要根据品种类型、立地条件、整形方式和管理水平来确定。一般长势强旺、分枝多、树冠大的品种，如白梨系统的品种，密度要稍小一些，株距4~5米，行距5~6米，每公顷栽植333~500株；长势偏弱、树冠较小的品种要适当密植，株距3~4米，行距4~5米，每公顷栽植500~833株；晚三吉、幸水、丰水等日本梨品种，树冠很小，可以更密一些，株距2~3米，行距3~4米，每公顷栽植833~1 666株。在土层深厚、有机质丰富、灌溉条件好的土壤上，栽植密度要稍小一些；而在山坡地、砂壤地等瘠薄土壤上应适当密植。

（五）栽植方法

定植前首先按照计划密度确定好定植穴的位置，挖好定植穴。定植穴的长、宽和深度均要达到 1 米左右，山地土层较浅，也要达到 60 厘米以上。栽植密度较大时，可以挖深、宽各 1 米的定植沟。回填时每穴施用 50~100 千克土杂肥，与土混合均匀，填入定植穴内，浇水沉实。挖距地面 30 厘米左右穴，将梨苗放入定植穴中央位置，使根系自然舒展，然后填土，同时轻提苗木，使根系与土壤密切接触，最后填满，踏实，立即浇水。栽植深度以灌水沉实后苗木根颈部位与地面持平为宜。

三、土肥水管理

（一）土壤管理

1. 深翻改土

分为扩穴深翻和行间耕翻。扩穴深翻：结合秋施基肥进行，深度在 40~60 厘米，土与肥混合拌匀后覆土灌水，使根土密接，逐年往外扩展。行间耕翻：每年春季和秋冬季进行两次行间耕翻，深度 15~20 厘米，将杂草翻入土内。

2. 行间生草

有灌溉条件的梨园，提倡行间生草。可种植毛叶苕子、紫花苜蓿、扁叶黄芪等绿肥作物。通过翻压、沤制等将其转变为有机肥。

3. 树盘覆盖

夏初至秋末用秸秆、堆肥、绿肥、锯末或田间杂草等覆盖树盘，厚度 10~15 厘米，上面零星压土，树干周围 15 厘米内不覆盖。每年结合秋施基肥浅翻一次，也可结合深翻开大沟埋草。宜覆盖无纺布或园艺地布。

（二）施肥管理

梨树所需的矿质元素主要有氮、磷、钾、钙、镁、硫、铁、锌、硼、铜、钼等。所施用肥料不得对果园环境和果实品质造成不良影响。提倡营养诊断和配方施肥。

1. 基肥

有机肥应在采收后及时施用，秋施有机肥，经过冬春腐熟分解，肥效能在来春养分最紧张的时期（4—5月营养临界期）得到最好的发挥。而若冬施或春施，肥料来不及分解，等到雨季后才能分解利用，反而造成秋梢旺长争夺去大量养分，中短枝养分不足，成花少，贮藏水平低，不充实，易受冻害。施肥量，一般3~4年生树每亩施有机肥1 500千克以上，5~6年生树每亩施2 000千克。施有机肥同时，可掺入适量的磷肥或优质果树专用肥。盛果期按果肥比1∶(2~3)比例施。

2. 追肥

是在施有机肥基础上进行的分期供肥措施。梨树各种器官的生长高峰期集中，需肥多，供肥不及时，常会引起器官之间的养分争夺，影响展叶、开花、坐果等，应按梨树需肥规律及时追补，缓解矛盾。

（1）花前追肥。一般在3月上中旬进行。目的是补充开花消耗大量的矿质营养，不致因开花而造成供肥不足，出现严重落花落果。施肥种类应以氮肥为主，初结果梨树每株施尿素0.15~0.20千克，成年结果大树，每株施尿素0.5~0.8千克，沟施穴施均可，及时灌水。

（2）落花后追肥。落花后追肥是指生理落果以后（即幼果停止脱落后）进行的追肥。目的是缓解树体营养生长和生殖生长的矛盾。追肥以氮肥为主，配以少量磷钾肥。施肥的种类如果采用尿素、过磷酸钙、氯化钾肥，其配施肥料实物重量比，可采用2：2：1的比例。初结果树每株施用混合肥料0.2~0.3千克，成龄树，每株施尿素0.5~0.8千克。

（3）果实膨大期追肥。目的是促进果实正常生长，果实快速膨大。追肥时期为7月中下旬。施肥种类应以磷、钾肥为主，配以少量氮肥。初结果梨树每株施用混合肥料数量为0.3~0.4千克。成龄树，每株施1.0~1.5千克，最好分2次追施，追肥后灌水。

3. 根外追肥

根外追肥是把营养物质配成适宜浓度的溶液，喷到叶、枝、果面上，通过皮孔、气孔、皮层，直接被果树吸收利用。这种方法具有省工省肥、肥料利用率高、见效快、针对性强的特点。适于中、微量元素肥料，及树体有缺素症的情况下使用。根外追肥仅是一种辅助补肥的办法，不能代替土壤施肥。

（三）水分管理

1. 灌水

根据土壤墒情、梨树物候期及需水特性而定，宜在萌芽前、花后、果实膨大期、采果后、封冻前五个时期进行。灌水后及时松土，水源缺乏的果园还应用作物秸秆等覆盖树盘，以利保墒。宜采用滴灌、渗灌、微喷等节水灌溉措施和水肥一体化技术。

2. 排水

当果园出现积水时，利用沟渠及时排水。

四、整形修剪

新建梨园稀植栽培可采用疏散分层形、自由纺锤形等，密植栽培可采用主干圆柱形。

（一）疏散分层形

该树形干高60~80厘米，树高3米左右，全树配备5~6个主枝，下层3~4个，上层2个，每个主枝与主干的角度以60°~70°为宜。适于稀植栽培，整形修剪步骤如下。

（1）定植当年，定干高度80~100厘米，促发分枝，新梢停长后，进行拉枝固定，使其与中心干呈50°促发分枝，新梢停长后，进行拉枝固定，使其与中心干成60°~70°角。

（2）第二年冬剪，对顶部壮枝于70~80厘米处短截，培养中心干，下部选择3个着生部位好的枝条作为主枝培养，并在主枝长的2/3部位饱满芽处短截，促发侧枝，培养第一侧枝。

（3）第三年冬剪，继续对中心干短截，长度70厘米为宜。对第一层主枝延长头短截，长度40~50厘米，促发分枝，培养第二侧枝。

（4）第四年冬剪，对上部新梢选择两个向行间延伸的枝条于40厘米处短截，以培养第二层主枝。

（5）经过4~5年的修剪，树形已基本确定。以后随着树冠的扩展，每年对主枝和侧枝的延长枝剪去1/3左右，并继续在主枝的两侧留新的侧枝，以备回缩更新。

（二）自由纺锤形

该树形干高60厘米，树高3米左右，在中心干不配备主枝，直接培养10~15个结果枝轴，且不分层。每结果枝轴之间的距离以20~30厘米为宜，与中心干的着生角度为70°~80°；其上不再配备侧枝，直接培养结果枝组。适于稀植栽培，整形修剪步骤如下。

（1）定植当年，定干高度60~80厘米，中心干直立生长，冬剪时中心干延长枝剪留50~60厘米，下部枝条选留3~4个进行拉枝固定，与中心干呈70°~80°角。

（2）第二年冬剪，对中心干延长枝剪留70~80厘米，对下部枝条进行拉枝固定，与中心干呈70°~80°角。

（3）第三年冬剪，继续对中心干短截，长度 80 厘米为宜，并对当年新梢进行拉枝。

（4）第四年冬剪，结果枝轴数量达不到 12 个，继续短截，如树形基本成形，中心干的延长枝不再短截，长放。

（三）主干圆柱形

该树形主干高 60 厘米左右，树高 3 米以下，中心干上均匀着生 18~22 个大、中型枝组，与中心干的着生角度为 60°~70°，整行呈篱壁形。适于密植栽培，整形修剪步骤如下。

（1）定植当年，对于高度大于 1.6 米的优质壮苗，不宜定干；如定植的苗木枝头过弱，可适当打头。

（2）萌芽前距离地面 60 厘米主干不刻，枝条最顶端 40 厘米不刻，其余全刻；新梢长到 15~30 厘米时用牙签开角，使新梢与中干呈 60°~70°角。

（3）生长 2~3 年后，单轴延伸的枝组延长枝可留基部明芽重截；对强枝短截后形成的枝组，可在大分枝处及时回缩更新；枝组基部粗度超过中干 1/3 时，利用附近或枝组后部的分枝进行更新；树冠下部的结果枝组，可在原有枝组的基础上留 1/3~1/2 长度的枝轴进行回缩。

五、花果管理

（一）授粉

除利用间植授粉树自然授粉外，提倡人工授粉或放蜂辅助授粉。人工授粉可采取点授；放蜂可选用蜜蜂或壁蜂，每亩梨园放 1 箱蜜蜂或 80~100 头壁蜂，开花前 2~3 天（壁蜂于开花前 7~8 天）置于梨园中。花期禁用杀虫剂。遇不良天气，可采用液体授粉方法进行辅助授粉。

（二）疏花疏果

1. 疏花

在花序分离期对过密花序、病弱及病虫花序疏除，疏花时先上后下，先内后外，疏去中心花，留 2~4 序边花，同一结果枝上间隔 10~20 厘米留一花序。有晚霜发生的年份，宜在晚霜过后疏花。

2. 疏果

花后 2 周疏除果，每隔 20 厘米左右留一个发育良好的边果。按照留优去劣的疏果原则，树冠中后部多留，枝梢先端少留，侧生背下果多留，背上果少留。

（三）果实套袋

果实套袋目的是改善果实的外观品质，减少农药残留，增强果实的耐贮性。方法：掌握在梨花后 15~20 天进行，并在 10 天左右套完，一般每个花序只套一个果，从上到下进行。将纸袋撑开一手托纸袋，一手抓果柄，把幼果轻轻套入袋内中部，然后将袋口从两边向中部果柄挤折并绑托。采收前 20 天拉去双层袋的外层袋。摘袋时间为上午 10 时至下午 4 时。对果实不需着色的梨品种不进行摘袋。

六、病虫害防治

（一）梨树的病害防治

梨树的主要病害为梨黑星病、梨赤星病、梨黑斑病、梨轮纹病。

（1）农业防治。及时摘除病叶、芽梢、病花簇、病果等，避免在梨园周围种植具有相同病源的寄主，如栓柏、龙柏、刺柏等植物。加强修剪整形等技术措施，改善通风透光条件。

（2）化学防治。可选用 70%代森锰锌 1 000 倍液，百菌清

1 000 倍液，70%甲基硫菌灵 800 倍液，50%多菌灵 800 倍液等。用药原则以对症下药、早期发病用药、多次用药、彻底防治为原则。

（二）梨树的虫害防治

梨树的主要害虫为梨小食心虫、梨大食心虫、梨象鼻虫、吸果夜蛾、梨眼天牛等。

（1）农业防治。结合冬季清园，清除虫源。生产中剪摘的虫危害枝、果等集中销毁。诱杀成虫，利用黑光灯或人工合成剂进行成虫诱杀。

（2）化学防治。可用农药有 20%氰戊菊酯乳油 3 000 倍液，90%敌百虫可溶粉剂 500 倍液等。喷药防治 10~15 天喷 1 次，连喷 2~3 次。

七、适期采收

根据果实成熟度和不同用途分期、分批采收。采收时，手握果实向上轻抬，连同果袋一起采下，轻轻放入周转箱等容器中，尽量减少摩擦和碰伤。

第三节 苹果生产技术

一、园地选择与规划

苹果园应选择在无污染和生态条件良好的地区，空气中各项污染物、农田灌溉水中各项污染物、土壤中的各项污染物含量均不可超过规定限值；排水良好，土层深厚的缓坡、梯田或平地，土壤 pH 值 6.5~8.0。

园地规划包括小区划分、道路及排灌系统、电力系统及附属设施等。小区面积以30~50亩为宜，10°以下坡的丘陵地提倡梯改坡。栽植行尽可能采用南北向，梯改坡采用顺坡栽植。

二、栽植技术

（一）品种选择

选择适宜当地土壤、气候特点，抗病、抗逆性强，适应性广、商品性能好、优质丰产的品种。

（二）授粉树配置

主栽品种和授粉品种果实经济价值相仿时，可采用等量成行配置，否则实行差量成行配置［主栽品种与授粉品种的栽植比例为（4~5）：1］。同一果园内栽植2~4个品种。

（三）栽植时间

分春栽和秋栽。春栽一般在春季土壤解冻后到苗木萌动前进行。秋栽一般从苗木落叶后到土壤封冻前进行。

（四）栽植方法

起垄，在垄背上，按株距挖深宽30厘米的栽植穴，将苗木放入穴中央，舒展根系，扶正苗木，纵横成行，边填土边提苗、踏实。填土完毕在树苗周围做直径1米的树盘，苗木栽植后立即灌水，之后每隔7~10天灌水1次，连灌2次，然后覆盖黑色地膜，以保墒、提高地温和抑制杂草生长。栽植深度，实生砧苗木的接口略高于地面；营养系矮化中间砧苗木约有1/2长度的中间砧埋于地下；营养系矮化、自根砧苗木的接口应高出地面15~20厘米（降雨较少的地区可适当深栽）。根据苗木大小确定是否定干，定干后，保护剪口。矮化中间砧苗木和矮化自根砧苗木栽植后设立支架固定苗木。

（五）栽后管理

根据整形需要确定定干高度，在饱满芽处定干，剪口要平滑；栽后10天内，若无有效降水，要及时灌第二水；苗木定植后主干延长头新梢长出后及时将新梢绑缚在竹竿上；有冻害发生的地区，新栽幼树前三年入冬前要防寒。

三、土肥水管理

（一）土壤管理

果园土壤活土层要求达到80厘米，通透性良好，土壤孔隙度的含氧量在5%以上，根系主要分布层（50厘米范围）土壤有机质含量1%。土壤管理包括深翻改土、树盘覆草和行间生草3项。

1. 深翻改土

秋季苹果采收后结合施有机肥进行深翻。每2年全园深翻或隔行深翻1次，深翻深度30~40厘米，土壤回填时与有机肥、地面覆草混填入坑，然后灌足封冻水。

2. 树盘覆草

树盘覆草在春季施肥、灌水后进行，用麦秸、玉米秸等覆盖于树盘下，厚度20厘米为宜，材料不足时可逐批进行，必须保证覆草厚度。上面压少量土防火灾，每2年浅翻1次，4年后开沟深翻入土。追肥时扒开草层施入。

3. 行间生草

行间生草可以是人工种植绿肥（毛苕子、扁茎黄芪、三叶草等），或间作花生、豆类等低秆作物，或园内生草。生草果园1年内要刈割3~4次覆于地面，生长高度最高不超过25厘米，不能影响果树正常生长。无论覆草、生草果园，每年于休眠期喷药消毒，杀灭越冬病虫源。

（二）施肥管理

以施腐熟有机肥（包括高温堆沤肥、沼气肥、人粪尿、羊粪、鸡粪等）或商品有机肥、生物肥为主，化肥为辅。

1. 基肥

在采果后施基肥，有机肥施用量按每生产 1 千克苹果施 1.5~2.0 千克计算，肥源不足的果园也应达到千克果千克肥的标准。一般盛果期根据产量的不同，每亩施有机肥 2 000~4 000 千克。施肥方法以沟施或撒施为主，施肥的最适宜部位是树冠外围垂直投影处。

2. 追肥

每年追肥 3 次，施肥量按每生产 100 千克苹果追施纯氮 1.0 千克、纯磷 0.3~0.5 千克、纯钾 1.2~1.3 千克计算。施肥方法是树冠下开浅沟 15~20 厘米施入。第一次在萌芽前后（4 月中旬）施入，以施氮肥为主，占全年氮肥用量的 70%；第二次在花芽分化及果实膨大期（6 月上旬、中旬）施入，以施磷钾肥为主，加少量氮肥，氮肥用量占全年的 20%，磷肥占全年的 25%~30%，钾肥占全年的 30%~35%；第三次在果实生长后期（7 月下旬至 8 月上旬）施入，以施钾肥为主，用量占全年的 65%~70%。追肥后及时灌水。

3. 叶面肥

全年喷 4~5 次，春梢生长期（4 月下旬至 5 月中旬）喷 2 次，以氮肥为主，喷 0.3%~0.5%尿素，间隔期 15~20 天。春梢停长期至花芽分化初期（5 月下旬至 6 月中旬）喷 1 次，秋梢生长期（7 月上旬至 8 月上旬）喷 2 次，以氨基酸系列微肥（400 倍液）为主或 0.2%~0.3%磷酸二氢钾。

（三）水分管理

1. 灌溉

浇水时期宜在萌芽前、幼果期（落花后 20 天）、果实膨大期

(7月中旬至8月下旬)、果实采收前及封冻前，同时结合天气情况灵活掌握。灌溉方式宜采用滴管、喷灌等节水灌溉技术，并配套肥水一体化设施，或采用行间沟灌技术。萌芽水（果树萌芽前灌水)、封冻水（封冻前灌水）以浇透为宜，果实套袋后至采收前宜采用小水勤浇的方式，每次灌水以渗透到地下15厘米左右为宜。

2. 排水

完善排灌系统，汛期及时排除果园积水。

四、整形修剪

苹果树的整形修剪主要分为夏季修剪（又称夏剪、生长季节修剪）和冬季修剪（又称冬剪、休眠季节修剪)。冬剪从落叶以后至第二年春季萌芽以前。夏剪自果树萌芽以后至落叶之前。

（一）树形

树形的选择根据砧木类型和品种采用不同的树形，一般乔化砧果树选用小冠疏层形、主干形等树形；短枝型品种可选用小冠疏层形、自由纺锤形等树形；矮化中间砧和矮化自根砧可选用自由纺锤形、细长纺锤形和高纺锤形。

1. 小冠疏层形

树体结构特点：干高70厘米左右，树高3.0~3.5米，全树5~6个主枝，第一层3个，第二层2个，第三层1个。层间距第一层与第二层70~80厘米，第二层与第三层50~60厘米。第一层主枝，每主枝留2个侧枝，第一侧枝距树干40厘米左右，第二侧枝对生，距第一侧枝30厘米左右，第一、第二侧枝以上直接着生大、中、小型结果枝组。第二、第三层主枝无明显侧枝，直接着生结果枝组。第一层主枝角度70°~80°，第二层主枝50°~60°。

2. 自由纺锤形

树体结果特点：干高70厘米左右，树高3.0~3.5米，中干直立。全树错落着生 20 个左右分枝，向四周均匀分布，分枝上仅着生中小型结果枝组。分枝排列不分层或层性不明显。分枝单轴延伸，角度乔化短枝型品种 90°~100°、矮化砧 120°左右。

3. 细长纺锤形

树体结构特点：树高 3~3.5 米，干高 0.8~1.0 米，冠径 1.5~2.0 米，中心干上螺旋着生 20~30 个结果枝，结果枝基部粗度不得超过其着生部位中央领导干粗度的 1/4。

4. 主干形

树体结构特点：干高 1.5 米以上，树高 2.0~2.5 米，仅上部一层主枝。主枝数量 3 个，每个主枝上着生 1~2 个侧枝，主枝和侧枝上直接着生结果枝组。该树形一般为乔化砧树衰老期后由小冠疏层形或自由纺锤形改造而成。

（二）夏季修剪

幼树于萌芽后、处暑后采用拉枝、撑枝等方法，开张枝条角度，生长过旺枝可采用拿枝、捋枝等方式缓和枝条势力；结果大树疏除背上和剪锯口萌发的直立徒长枝。结果枝组和主、侧枝延长头夏季修剪不建议清头，冬剪时再清头。

（三）冬季修剪

1. 幼树整形修剪

（1）定干。

定干高度依苗木高度而定，尽量保留所有的饱满芽进行定干。苗木高度 1.8 米以上，且芽体饱满的可以不定干。定干后刻芽或涂抹发枝素，以提高萌芽率。刻芽应在芽的上方约 0.5 厘米处，深度至木质部。发枝素应在定植后芽萌动期涂刷。离地面 70 厘米以下的芽不刻，也不涂发枝素。

（2）冬季修剪技术。

①定植当年冬季修剪。主干生长势力较强，且当年抽生 15

个以上分枝，修剪后有 10 个以上分枝粗度小于其着生部位中干粗度的 1/3 以上的枝，可不进行极重短截，仅剪除分枝与主干枝粗比大于 1/3 的枝即可。若达不到上述指标，应将当年抽生的枝进行极重短截。

②第二年冬季修剪。疏除枝粗比大于 1/3 的枝，其余枝全部保留，保留的枝春季芽萌动时刻芽或涂抹发枝素促花。修剪后如果保留的枝数量达不到 10 个，再全部进行极重短截。

③第三年冬季修剪时，小冠疏层形树在距地面 80～100 厘米部位选留 3 个枝，作为第一层主枝，距第一层主枝最上一个主枝 70～80 厘米处选留 2～3 个枝，作为第二层主枝，距第二层主枝最上面一个主枝 50～60 厘米处选留 1～2 个主枝，作为第三层主枝。其余枝在不影响主枝生长的情况下作为辅养枝保留结果，影响主枝生长时，结果后冬季修剪时疏除。自由纺锤形、细长纺锤形、高纺锤形树无永久性骨干枝，修剪时仅剪去分枝与中干枝粗比大于 1/3 的枝，其余枝保留结果。

2. 盛果期树修剪

（1）采用甩放、疏枝、回缩相结合的方式，除特殊情况外，一般不短截。对结果枝组和主枝延长头进行清头，保持单轴延伸。小冠疏层形和主干形树注意选留骨干枝和结果枝组后部萌发的平斜枝和斜背上枝进行甩放，培养新的结果枝组，更新老龄结果枝组，保持结果枝组的生长势力。疏除过密枝和影响通风透光的大枝，改善风光条件。

（2）自由纺锤形、细长纺锤形、高纺锤形树修剪时注意疏除中干上大于 5 厘米的分枝，保留中干上抽生的一年生枝和分枝后部背上或斜背上抽生的一年生枝，进行甩放，培养更新枝，原枝结果衰弱后及时更新。

3. 郁闭树修剪

（1）主干过矮导致果园郁闭的，疏除第一层主枝，抬高主干，保持主干高度 80 厘米以上。仅有两层枝的可将原来的树形改造成主干形。

（2）主枝过多导致果园郁闭的，疏除过多大枝。原则是疏大留小，疏下留上，疏老留新。同时注意结果枝组轻修剪，尽量不要回缩。

（3）栽植密度过大的果园，根据具体栽植密度，采用隔行去行或隔株去株的方式，调整栽植密度，解决通风透光问题。

五、花果管理

（一）疏花疏果

疏花疏果宜早不宜迟。

1. 疏花

从花序分离后 7 天开始疏花，15 天完成，先疏除边花，保留中心花。

2. 疏果

落花后 7 天开始疏果，20 天内完成，按距离留果，大型果每 20~25 厘米留 1 个果，中型果每 15~20 厘米留 1 个果，去除畸形果、伤果和梢头果，留果量可多预留 15%左右。落花后 1 个月定果，3~5 天完成，去除发育不良的果，果实留量要适宜，当亩产量 1 500~2 500 千克时，留 8 000~13 000 个，平均单果重即可在 200 克以上。

（二）套袋和摘袋

1. 套袋

所用纸袋类型根据品种而定，宜选用内红双层纸袋。时间自落花后 30~40 天开始，6 月中下旬结束。套袋时将袋撑开，使袋鼓起，幼果置于袋的中央，用纸袋自带的铁丝封紧袋口，注意不要将叶片套入带内和将扎丝别到果台枝上。套袋前 3~5 天全园喷洒一遍杀虫、杀菌剂。

2. 摘袋

摘袋时间根据品种而定，早中熟品种果实生理成熟前 10~15 天进行，晚熟品种果实生理成熟前 20~30 天进行。内红双层纸袋摘袋时先摘除外袋，3~5 天后再摘除内袋。

（三）摘叶、转果、地面铺设反光膜

1. 摘叶

摘袋后进行摘叶。摘叶应分批分期进行，先摘除果实周围的小叶，3~5 天后再摘除影响光照的叶片。摘叶数量早中熟品种为全树总叶量的 5%~10%，晚熟品种为全树总叶量的 15%~20%。

2. 转果

摘袋后当果实着色面积达到 60%时开始转果，将阴面转到阳面，并注意用海绵垫垫果。

3. 地面铺设反光膜

摘袋后地面及时铺设反光膜，以促进果实均匀着色。果实采收后应将反光膜及时清理，集中处理。

六、病虫害防治

坚持“预防为主，综合防治”的植保方针，以农业和物理防治为基础，按照病虫害的发生规律，科学合理使用化学防治技术，有效控制病虫害，最大限度地降低农药使用量。

（一）休眠期（落叶后至萌芽前）

树干、主枝及大侧枝涂白，涂白剂的配方为生石灰 12 份、食盐 2 份、大豆汁 0.5 份、水 36 份。彻底清扫园内枯枝、落叶、病虫果，剪除树上的病虫枝，刮除树干上的老粗翘皮，集中深埋

或烧毁，消灭各种越冬病虫源。树冠下土壤深翻 20~25 厘米，利用冬季低温，消灭土壤中越冬害虫。

（二）萌芽前 7 天

全园淋洗式喷打 5 波美度石硫合剂，重点防治介壳虫和叶螨。石硫合剂配方为硫磺 2 份、生石灰 1 份、水 10~12 份，涂药保护伤口、剪锯口。用石硫合剂或熬石硫合剂的浆渣封闭剪锯口和大伤口。

（三）花期

花期禁止喷药，采用人工捕捉、糖醋液诱杀等物理方法，重点防治金龟子。

（四）花后至展叶期

重点防治蚜虫、卷叶虫，预防各类病害，连喷 3 次杀菌剂，每次间隔 10 天。第一次在花后 7 天，喷 10%吡虫啉可湿性粉剂 2 000 倍液+1.5%多抗霉素可湿性粉剂 500 倍液+氨基酸微肥 400 倍液。卷叶虫类可人工剪除虫苞并烧毁。第二、第三次从花后 15~20 天开始，连喷 2 次杀菌剂，选用 1.5%多抗霉素可湿性粉剂 400 倍液、70%甲基硫菌灵可湿性粉剂或 60%多菌灵可湿性粉剂 800~1 000 倍液各 1 次，加氨基酸钙 400 倍液。第三次喷完药后开始套袋。

（五）春梢停长期至麦收前

防叶螨类和金纹细蛾，喷 1 次 25%灭幼脲 3 号悬浮剂 1 000~1 500 倍液+1.8%阿维菌素乳油 6 000~7 000 倍液+氨基酸 400 倍液。

（六）果实膨大期（秋梢生长期）

保护好叶片，促进花芽分化。喷多量式波尔多液或其他杀菌剂+0.3%磷酸二氢钾 2 次（中熟品种只喷 1 次），间隔 25 天，采前 30 天停止用药。

七、适期采收

不同品种有不同的果实发育期，采收时间不宜过早或过晚，过早影响着色、品质和风味，过晚易造成大量落果。采果的顺序是先外后内，先下后上，要轻拿轻放，防止挤伤、碰伤、刺伤果品。

第四节 葡萄生产技术

一、园地选择与规划

葡萄园区应选择地势偏高且向阳的地段，土壤应肥沃，土层深厚，有机质含量要高。另外，排水方便、交通便利也要着重考虑。

根据园区面积，地形地貌和机械化管理要求，合理设计林田水路系统，选择适宜的栽植模式。种植小区的道路可与排灌系统统筹规划，合理布局；地势低洼的地方，排水沟渠应通畅，防风林应建在果园的迎风面，与主风向垂直，乔木和灌木搭配合理。

二、栽植技术

（一）品种选择

按照适地适栽原则，选择优质、丰产、抗病、抗寒、适应性广、商品性好的品种。

（二）栽植时间

一般葡萄树的栽植时间是在 3—4 月，也有在 9—10 月进行栽植的。具体栽植时间，应依据当地的气候条件、栽植条件来定，同时还要考虑到品种的因素。

（三）栽植密度

根据不同地理位置冬季是否需要下架防寒等气候特点、土地类型（山地或平原）、土壤肥力状况、整形方式、架式特点、品种树势等，栽植密度有差别。棚架栽培株行距一般为（1.5~2.0）米×（3.0~6.0）米，每亩栽植株数为56~148株。平地不埋土防寒地区多采用篱架栽培，株行距一般为（1.0~1.5）米×（2.0~3.0）米，每亩栽植株数为148~333株。

（四）栽植方法

1. 挖大穴

在栽植畦中心轴线上按株距挖深、宽各30厘米的栽植穴，穴底部施入几十克生物有机复合肥，上覆细土做成半圆形小土堆，将苗木根系均匀散开四周，覆土踩实，使根系与土壤紧密结合。栽植深度以原苗木根茎与栽植畦面平齐为适宜，过深，土温较低，氧气不足，不利于新根生长，缓苗慢甚至出现死苗现象；过浅，根系容易露出畦面或因表土层干燥而风干。

2. 覆膜

栽植后及时覆盖黑色地膜，保证自根苗地上部或嫁接苗嫁接口部位以上露出畦面。黑色地膜有土壤保湿、增温、防杂草的作用，对提高成活率有良好效果。

3. 及时灌水和培土堆

栽植后及时灌1次透水。待水渗下后，将苗茎培土堆（黑色地膜覆盖可以不培土堆），高度以苗木顶端不外露为宜。待苗木芽眼开始膨大、即将萌芽时，选无风傍晚撤土，以利于苗木及时发芽抽梢。栽后1周内只要10厘米以下土层潮湿不干，就不再灌水，以免降低地温和通气性。以后土壤干燥可随时灌小水。

三、土肥水管理

（一）土壤管理

建园时土壤改良可进行土壤深翻，深度在50~80厘米，深翻的同时，可将切碎的秸秆或农家肥施入，压在土下。葡萄园建园以后，对于土壤贫瘠的葡萄园，要进行深翻改土。深翻改土要分年进行，一般在3年内完成。在果实采收后结合秋施基肥完成深翻。在定植沟两侧，隔年轮换深翻扩沟，宽40~50厘米，深50厘米，结合施入有机肥（农家肥、秸秆等），深翻后充分灌水，达到改土目的。

（二）施肥管理

1. 施基肥

基肥多在葡萄采收后、土壤封冻前施入，一般在9月下旬至11月上旬进行。基肥以迟效性的有机肥为主，种类有圈肥、厩肥、堆肥、土杂肥等。施肥前应先挖好宽40~50厘米、深40~60厘米的施肥沟。沟离植株50~80厘米（具体根据土壤条件和葡萄植株大小而灵活掌握）。沟挖好后，将基肥（堆肥、厩肥、河泥）施入，可掺入部分速效性化肥如尿素、硫酸铵，使根系迅速吸收利用养分，增强葡萄越冬能力。有时还可在有机肥中混拌过磷酸钙、骨粉等，施肥后应立即浇水。

2. 追肥

（1）萌芽前追肥。以速效性氮肥为主，配合少量磷、钾肥。

（2）幼果膨大期追肥。在花谢后10天左右，幼果膨大期追施，以氮肥为主，结合施磷、钾肥（可株施45%复合肥100克）。

（3）浆果成熟期追肥。在葡萄上浆期，以磷、钾肥为主，并施少量速效氮肥，根施、叶面施均可，以叶面追施为主，这对提高浆果糖分、改善果实品质和促进新梢成熟都有重要的作用。最后一次追肥在距果实采收期 20 天以前进行。

（4）采果后追肥。果实采收后，因树体营养消耗较大，需进行施肥，以便缓和树势，延迟落叶。采后肥以磷、钾肥为主，配合施适量氮肥，可结合秋施基肥一起施用。

（三）水分管理

1. 灌水

一般成龄葡萄园是在葡萄生长的萌芽期、花期前后、浆果膨大期和采收后 4 个时期，灌水 5~7 次。同时要注意根据当年降水量的多少而增减灌水次数。成龄葡萄根系集中分布在离地表 20~60 厘米的栽植沟土层内，灌水以浸润 60~80 厘米的土壤为宜，并要求灌溉后土壤田间持水量达到 65%~85%。常见的灌水方法有沟灌或畦灌、喷灌、滴灌、渗灌等。

2. 排涝

一般葡萄园排水系统可以分为明沟与暗沟 2 种。

（1）明沟排水。明沟排水是在葡萄园适当的位置挖沟，通过降低地下水位起到排水的作用。明沟由排水沟、干沟、支沟组成。明沟投资较少，但占地面积较大，容易滋生杂草，造成排水不畅、养护维修困难等。目前，我国许多地区采用这种排水方法。

（2）暗沟排水。暗沟排水是在葡萄园地下安装管道，将土壤中多余的水分由管道排除的方法。其排水系统由干管、支管、排水管组成。优点是不占地，排水效果较好，养护负担轻，便于机械化施工。缺点是成本高、投资大，管道容易被泥沙沉淀所堵塞，植物根系也易伸入管内阻流，降低排水效果。

四、整形修剪

（一）整形方式

目前，我国葡萄的整形方式分为篱架整形、棚架整形。

1. 篱架整形

篱架整形的优点是管理方便，植株受光良好，容易成形，果实品质较好。篱架制作方法是用支柱和铁丝拉成一行行高 2 米左右的篱架，葡萄枝蔓分布于架面的铁丝上，形成一道绿色的篱笆。根据葡萄枝蔓的排布方式又分为多主蔓扇形和双臂水平整形两种。

2. 棚架整形

棚架是用支柱和铁丝搭成的，葡萄枝蔓在棚面上水平生长。棚架栽培分小棚架和大棚架两种。棚架栽培产量高，树的寿命也长。棚架的缺点是在埋土防寒地区上架下架较为费工，管理不太方便。

（二）葡萄的修剪

葡萄的修剪分为冬季修剪和夏季修剪。

1. 冬季修剪

冬季修剪的理想时间应在葡萄正常落叶之后 2~3 周内进行，这时一年生枝条中的有机养分已向植株多年生枝蔓和根系运转，不会造成养分的流失。冬季修剪时，根据每年预定产量要求，再按植株生长情况留数，生长势中等的植株每株留 13 个结果母枝，强的适当多留，弱的少留。冬剪常用的方法有短、疏、缩 3 种方法。

2. 夏季修剪

夏季是葡萄整形修剪的重要时期。夏季修剪，可通过抹芽、疏枝、摘心、处理副梢等措施，控制新梢生长，改善通风透光条件，使营养输送集中在结果枝上，从而提高产量和品质，并促进枝条生长和发芽分化，为来年丰产打下基础。

五、花果管理

（一）疏穗

在葡萄开花前，根据花穗的数量和质量以及产量目标，疏除一部分多余的、发育不好的花穗，使营养集中供应留下的优质花穗，可以提高葡萄坐果率，提高果实品质。

疏穗分两个时期，一是在花序分离期，能分清花序大小、质量好坏时进行。通常去除发育不好、穗小的花穗，留下发育好、个头大的花穗，一般每个结果枝留一个花穗，每亩留 1 500~2 000 个花穗（夏黑留 1 000~1 500 个）。二是在花前一周将副穗、歧肩疏除，将全穗 1/6~1/5 的穗尖掐去，每穗留 13~16 个小花穗。

（二）疏果

葡萄开花后 10 天，能明显分清果粒大小时进行疏果，要求疏除病虫果、过大过小果、日灼果及畸形果，要疏除过密果，选留大小一致、排列整齐向外的果粒。果粒大品种如藤稔留 30~40 粒，果粒中等品种如巨峰留 40~50 粒，小粒品种如夏黑留 70~80 粒。

（三）套袋

套袋在葡萄生理落果后（坐果后 2 周），果粒黄豆粒大小时进行，套袋前要用杀菌剂进行彻底杀菌。葡萄套袋材料一般用专用纸袋，分大、中、小 3 种规格，可根据果穗大小进行选择。套袋时要注意避开中午高温，防止日灼。袋口要扎紧，防止风吹落和虫进入。

（四）摘袋

为了促进葡萄浆果着色，深色品种可在采收前 1~2 周摘袋，其他品种采收前不解袋。摘袋宜选择晴天上午9—11时，下午3—5时进行。先撕开袋底开口，隔1~2天后再摘袋。

六、病虫害防治

葡萄常见的病害有炭疽病、白腐病、霜霉病等，虫害有蚜虫、根瘤蚜、介壳虫等。应重在预防，首先需加强清园工作，然后对果树喷洒一些如波尔多液、百菌清等有效的药物，改善植株的生长环境，最后就是做好对症治疗，注意药剂的选择及用量。

七、适期采收

根据果实成熟度、用途和市场需求综合确定采收适期。成熟期不一致的品种，应分期采收。采收时，用剪刀剪取后，对果穗进行修剪，然后将果序平放在衬有3~4层纸的箱或筐中。容器要浅而小，以能放5~10千克为度，果穗装满后盖纸预冷。

第五节　柑橘生产技术

一、园地选择与规划

柑橘园地宜选择无明显冻害地段，要求土层深厚、排水透气良好、有机质丰富、灌溉方便、交通便利。丘陵、山地海拔在800米以下，坡度在25°以下，冬季有冻害的地区应选择东南坡，排水不良的低洼地和冷空气易停滞的谷地不能建园，在5°以下的缓坡地、江河两岸及水稻田建园时，必须注意排水。可利用自然屏障及大水体对气温的调节作用，在其周围建园。建园对于周围环境有较高的要求，要求生产的柑橘健壮无病虫害，必须充分了解周边的空气质量、灌溉水质、土壤环境质量等。

二、栽植技术

（一）栽植季节

柑橘一般春季 2 月下旬至 3 月中旬春梢萌动前栽植。冬季无冻害的地区可在秋季 10—11 月中旬栽植；春夏 4—5 月春梢停止生长后至夏梢抽生前栽植成活率也高；容器育苗四季均可栽植。

（二）栽植方式

柑橘栽植最常见的间距是 4 米×6 米，但当前有一种倾向就是用不同的种植方法使柑橘在后期生长密植，因而 4 米×3 米甚至 4 米×1. 5 米的间距也常采用。其种植密度通常每公顷种植 410 株，密植情况下也有每公顷 800 甚至 1 600株的。按 1 米×1 米的规格挖定植坑。坑内施入杂草、垃圾肥、腐熟有机肥、过磷酸钙等基肥。可春植，也可秋植。

三、土肥水管理

（一）土壤管理

柑橘园土壤管理要针对橘园的特点，采取不同的土壤管理模式，创造有利于柑橘生长发育的水、肥、气、热条件。柑橘果园的土壤管理模式主要包括深翻改土、中耕除草、生草栽培、覆盖等。

（二）施肥管理

柑橘的施肥，应满足柑橘对营养元素的需求，以有机肥为主，注意氮、磷、钾和中、微量元素肥的平衡，并采用基施、主干涂施和叶面喷施相结合的立体供给方式，合理使用有机、无机、生物肥等肥料。

（三）水分管理

柑橘园灌溉有 4 种方式，即沟灌、穴灌、树盘灌和节水灌溉

(包括滴灌和微喷灌)。无论哪种灌溉，灌水时间和灌水量都应因干旱程度不同而定，一般需要灌水 2~5 小时，灌水时必须灌透，但又不能过量。合理的灌水量为灌溉使柑橘树主要根系分布层的湿度达到土壤持水量的 60%~80%。遇连续高温干旱天气时，每隔 3~5 天灌溉 1 次。特别值得注意的是在采果前 1 周不要灌水。

四、整形修剪

(一) 柑橘常用树形

主要包括自然圆头形、自然开心形以及矮干多主枝形。

(二) 幼树修剪

1. 抹芽放梢

幼树每年可放春梢、夏梢、秋梢 3 次梢，其中生长季抹去早发的零星的芽，放整齐的夏、秋梢，而春梢任其自然抽生，无须抹芽放梢。

2. 摘心

枝梢过长时，进行摘心，一般新梢长度以 20~30 厘米为宜。

(三) 成年树修剪

(1) 如果是冬季修剪，一般在果实采收后至春季萌芽前进行。如果是夏季修剪，一般在萌芽以后至果实采收前进行。

(2) 冬季修剪时，最多可以剪去总叶量的 20%~25%。夏季修剪时，最多不超过总叶量的 15%。全年修剪去叶量控制在 15%~30%。

(3) 如果是大年树，修剪量控制在 20%~25%。如果是小年树，修剪量控制在 15%左右。如果是稳产树，修剪量控制在 20%以内。

五、花果管理

（一）保花保果

1. 环剥、环割

幼果期环割是减少柑橘落果的一种有效方法，可阻止营养物质转运，提高幼果的营养水平。对主干或主枝环剥1~2毫米宽1圈的方法，可取得保花保果的良好效果，且环剥1个月左右可愈合。春季抹除春梢营养枝，节省营养消耗也可有效提高坐果率。

2. 防止幼果脱落

目前使用的保果剂主要有细胞分裂素类和赤霉素。幼果横径0.4~0.6毫米时即开始涂果，最迟不能超过第二次生理落果开始时期，错过涂果时间达不到保果效果。

（二）疏花疏果

柑橘一般在第二次生理落果结束后即可根据叶果比确定留果数，但对裂果严重的朋娜等脐橙要加大留果量；在同一生长点上有多个果时，常采用“三疏一，五疏二或五疏三”的方法；叶果比通常为（50~60）：1，大果型的可为（60~70）：1。

目前，疏果的方法主要为人工疏果，分全株均匀疏果和局部疏果两种：全株均匀疏果是按叶果比疏去多余的果，使植株各枝组挂果均匀；局部疏果系指按大致适宜的叶果比标准，将局部枝全部疏果或仅留少量果，部分枝全部不疏，或只疏少量果，使植株轮流结果。

（三）果实套袋

柑橘果实可行套袋，套袋适期在6月下旬至7月中旬。套袋前应根据当地病虫害发生的情况对柑橘全面喷药1~2次，喷药后及时选择正常、健壮的果实进行套袋。果袋应选抗风吹雨淋、透气性好的柑橘专用纸袋，且以单层袋为适。采果前15~20天摘袋，果实套袋着色均匀，无伤痕，但糖含量略有下降，酸含量略有提高。

六、病虫害防治

柑橘幼树期的主要病害是炭疽病、根腐病、煤烟病，夏秋季新梢可用甲基硫菌灵防治1次；春、夏季若遇流胶病，可先刮出病菌，再用甲基硫菌灵100倍液涂抹发病部位。

柑橘常见害虫有蚜虫、潜叶蝇、红蜘蛛、介壳虫，新梢期用40%乐果乳油800~1 000倍液、10%吡虫啉可湿性粉剂1 500倍液防治蚜虫。夏季梢萌发后每隔7~8天用杀螟丹600倍液防1次；冬季喷1次石硫合剂防治，这样就可以保证果树的正常生长。

七、适期采收

（一）采收时间

用于长期贮藏的果实，可在果实着色1/2时适当早采；立即鲜销的果实，宜完全成熟时采收。选择晴天、果实表面水分干后进行采果。下雨、有雾等天气时不采果，雨停后隔两天采果。

（二）采收前准备

采前准备圆头采果剪、采果袋（篮），塑料周转箱等盛装容器，双面梯，手套等材料。装柑橘的容器宜轻便牢固、内侧平滑，竹制容器内侧需垫柔软物。采收材料需提前进行清洁消毒处理。

（三）采收方法

采收人员采收前要剪平指甲并磨平，最好戴手套。采果按自下而上、由外至内顺序，分批分级采收。采用“一果两剪法”采果：第一剪带梗剪下，第二剪齐果蒂处剪平。采收过程中要轻拿轻放，减少翻倒次数，避免混入杂物，保证无伤采收。采收时，伤果、病虫害果、落地果、脱蒂果、泥浆果、畸形果分别放置，腐烂果剔出。

（四）采收后处理

采收后及时转运，尽量减少搬运过程中的挤压、抛甩、碰撞等易造成机械损伤的不良操作。需要贮藏的柑橘果实宜在采果后12小时内进行防腐保鲜剂浸果，浸果时间在30秒左右。浸果后在阴凉通风处晾干。所选防腐剂、保鲜剂使用范围、使用浓度应严格遵照使用说明。

第六节　茶树生产技术

一、园地建设与改造

（一）茶园建设

茶园建设应注意保持水土，根据不同坡度和地形，选择适宜的时期、方法和施工技术。

（1）茶园应建于平地或缓坡地。坡度≤15°的缓坡地应进行等高开垦；坡度在15°~25°的以梯级茶园进行建设施工。

（2）道路建设与修整。主道一般宽4米，是茶园的交通道；支道一般宽2.5米，是运输耕作等机具的运行道路；生产管理作业道宽度一般在1米以上。

（3）茶园与四周荒山陡坡、林地和农田交界处应设置隔离沟。

（二）茶园整地

新建茶园应先进行初垦作业，将沟壑地块填平整成坡地，一般要求坡度≤25°，耕作深度70~80厘米。适用机械：挖掘机、铲车、装载机、深耕犁、深松机等。复垦深度 30 厘米，通常采用轮式拖拉机配套圆盘耙、旋耕机等进行作业。

新建茶园应采用 150 厘米以上大行距种植，使用挖掘机、大型开沟机等进行开沟，开沟尺寸一般不低于：上口 80 厘米，底宽 65 厘米，沟深 70 厘米。

二、茶苗种植

（一）品种选择

新建茶园优先选择无性系茶树优良品种。

（二）开沟施肥

移栽前按种植行开施肥沟，底肥深度 30～40 厘米，以有机肥和矿物源肥料为主，与土壤拌和、覆土，施肥后仍有 8～10 厘米的深度。

（三）移栽定植

采用单条或双条栽方式等高种植，每穴移栽茶树苗 2～3 株，株与株之间保持一定距离。种植茶苗根颈距离土表 3 厘米左右，根系离底肥 20 厘米以上。移栽后及时浇水。

（四）初次修剪

栽苗、浇水后进行初次修剪，从离地 15～20 厘米处剪去上部主轴，以减少植株水分蒸腾。

（五）铺草保墒

初次修剪后及时铺草，铺草厚度 5～10 厘米，宽度 80～100 厘米，亩均铺草 600～800 千克，使根际土壤保持湿润状态。

三、土肥水管理

（一）土壤管理

合理耕作能够改良土壤结构、清除杂草。耕作时应考虑降水条件，防止水土流失，对土壤深厚、松软、肥沃、树冠覆盖度大、病虫草害少的茶园可减少耕作。

1. 浅耕

2月中旬至月底，结合春茶催芽肥进行春茶前耕翻，深度10~15厘米，朝阳坡先耕作、阴坡后耕作。春茶结束后5月底前进行第二次浅耕，深度10厘米左右。不得漏耕，若1次作业出现多处漏耕，应进行多次作业。选用小型茶园除草机、中耕机，乘用型茶园多功能管理机配套中耕除草、旋耕等机具。

2. 深耕

秋茶结束后进行深耕，深度20~30厘米，茶行中间深、两边浅。作业时应旋碎土块，平整地面，不能伤茶根和压伤茶树。选用针式深耕机、乘用型茶园多功能管理机配套深松、旋耕等机具。深耕一般结合基肥施用，可选用旋耕施肥一体机具。

（二）施肥管理

茶园施肥应根据测土结果实行配方施肥，以商品或腐熟有机肥为主，配置相应的化肥。施肥标准由上年鲜叶产量确定，一般氮（N）用量10~20千克/亩，磷（P_2O_5）4~6千克/亩，钾（K_2O）4~8千克/亩。幼龄茶园或台刈改造茶园宜间作豆科绿肥，培肥土壤和防止水土流失。

1. 施基肥

基肥一般在秋茶结束后在茶行中间深施，深度20厘米左右，以有机肥为主，适当配施复合肥。新开垦茶园可进行开沟施肥，沟深20~25厘米。茶树种植后尽量选用开沟、施肥、覆土一体机具，不得面施、撒施。

2. 追肥

追肥可与耕作联合作业。一般分春、夏、秋3季施肥，比例为5∶3∶2；如只采春茶，可按6∶4比例分春夏两次施肥。春茶催芽肥应在开采前 40 天完成，一般为 2 月上中旬至 2 月底，施肥深度 10~15 厘米。

3. 叶面施肥

施用叶面肥一般在茶叶开采前 30 天进行，宜在避开烈日的傍晚时分喷施，喷施后应 24 小时无降雨。注意尽量将肥料喷到叶片背面，用背负式弥雾机、风送植保机、喷杆式植保机等机械作业时应采用由下向上的喷洒方式，喷杆式植保机可调整喷洒角度，风送植保机可根据茶树长势、地形，开启或关闭喷头进行喷洒作业。

（三）水分管理

1. 茶园保水

茶园保水的手段主要有扩大土壤的蓄水能力和控制土壤水的流失。

要扩大土壤蓄水能力，必须注意园地土壤的选择，将茶园建在坡度不大、土层深厚、保水能力强的壤土上；种前深垦、秋后深翻、增施有机肥等手段可使茶园有效土层加深，增强保水能力；建园时注意水利规划建设也是重要的保水手段。

控制土壤水散失的办法有茶园铺草、合理种植、合理间作、耕锄保水、造林保水等相关措施。茶园铺草一般有豆科作物、牧草等。也可在茶树上施用抗蒸腾剂，其中薄膜型抗蒸腾剂即 OED 绿、PMA 在茶叶上效果良好。

2. 茶园灌溉

灌溉是一项积极的供水措施，能有效地克服旱象，促进茶树在旱热季节迅速生长，既增产又提质。

茶园灌溉主要有浇灌、流灌、喷灌 3 种方式，还有少量采用滴灌、渗灌式。浇灌用水最为节约，适用于 1~2 龄的幼龄茶树和无其他灌溉条件的茶园。流灌可一次性彻底解决旱象，但用水量大且易冲刷泥土。喷灌、滴灌、渗灌效果好，但投资大。目前，茶园喷灌设施有移动式喷灌系统，应用较为广泛。

茶园水分管理的内容还有排水、排湿。茶园要注意对排水系统的维护，使多余的降水排至园外，流向沟、塘和水库。平地茶园为防止水渍，要开出深沟排湿，以降低地下水位。

茶园管水的目标是：有水能蓄、多水能排、缺水即补，使茶园土壤湿度经常保持在适宜茶树生长的范围。

3. 茶园排水

水分超过茶园田间持水量，对茶树生长百害而无一益，必须进行排除。开沟排水，降低地下水位是排湿的根本方式。茶园排水还必须结合大范围的水土保持工作，被排出茶园的水应尽可能收集引入塘、坝、库中，以备旱时再利用或供其他农田灌溉以及养殖业用。

四、整形修剪

根据茶树的树龄、长势和修剪目的分别采用定型修剪、整形修剪、重修剪和台刈等方法。适用机械：单人或双人修剪机、修边机、重修机等。

（一）定型修剪

定植时未进行初次修剪的新植茶园在第二年春季萌芽前，茶苗高度达到25厘米以上时进行第一次定型修剪，从离地15~20厘米处剪去上部主轴（若茶苗高度未达到25厘米可推迟一年修剪）；当茶树高度达到50~60厘米时进行第二次定型修剪，在离地30~40厘米处剪去上部枝叶，主枝留30厘米高，侧枝留45厘米高；当茶树高度达到75~90厘米时进行第三次定型修剪，在离地45~50厘米处剪去上部枝叶。

（二）整形修剪

整形修剪是对青、壮年茶树而言，分为轻修剪和深修剪。

1. 轻修剪

提倡弧形修剪，每年或隔年一次。修剪高度是在每次剪口的基础上提高 2~5 厘米，剪去采摘面上突出枝。一般在春茶后或秋茶后进行。

2. 深修剪

每 4~5 年进行一次，深修剪的深度，为剪去树冠上绿叶层的 1/2，为 10~15 厘米，以剪尽结节、鸡爪枝为原则，剪口平滑，切忌撕裂。一般在春茶结束后进行。茶行边缘修剪，有利于田间作业和通风透光。

（三）重修剪

茶树生长逐渐衰退，需重修剪，剪去树高的 1/3~1/2。修剪时，刀口宜从上到下分几刀进行，剪口平滑，切忌撕裂。一般在春茶结束后进行，5 月底结束。

（四）台刈

离地面 5~10 厘米处砍去地上部全部枝干，重新培养树冠。使用波尔多液等杀菌剂冲洗树干，以防治苔藓和剪口病菌感染等。

五、病虫害防治

茶园主要害虫种类：茶小绿叶蝉、茶尺蠖、绿盲蝽、茶橙瘿螨、茶黄蓟马、茶叶瘿螨等。

（一）物理防控

主要包括灯光诱集、色板诱杀、负压捕捉等方式。

1. 灯光诱集。一般采用具有自动控制功能的频振式诱虫灯，控制面积约 30~50 亩/盏，呈棋盘状分布，灯距保持在 120~200 米，安装高度距离地面 1. 3~1. 5 米。根据害虫活动规律调节开灯时间，每天开灯 6~8 小时。每天需清理一次。

2. 色板诱杀。通过在茶园安装黄绿色板，粘虫板等进行诱杀，平均 20~25 张/亩。悬挂高度：春季、秋季以色板底端低于茶梢顶端 30 厘米左右，夏季以接近或不高于茶梢顶端 50 厘米为宜。采用黄绿色板、黄灯、粘虫板、光电气色复合捕虫机等。

3. 负压捕捉。采用背负式吸虫机、乘用式茶园吸虫机、光电气色复合捕虫机等，主要防治假眼小绿叶蝉等具有飞行能力的害虫。小型机械同时作业台数不少于 3 台；大型机械同时作业台数不少于 2 台。

（二）生物和化学防控

首先选用植物源农药、病毒制剂等绿色防控产品，采用化学农药时选用高效低毒、低残留农药，施药剂量、施药次数、安全间隔期应符合 GB/T 8321 的规定。可采用背负式弥雾机、担架式喷雾机、风送植保机、喷杆式植保机等作业。喷雾作业应在无风或微风天气进行，有风天气应顺风作业。作业时注意喷洒压力变化，保证喷洒质量，不漏施、不重施。喷施的药剂应雾化良好，不得有水滴或水珠现象。应从树冠两侧向茶丛内叶面喷施。茶树树冠面枝叶密集时，应调整喷头方向，使树冠两侧的喷头横向或斜向喷洒，使药剂喷施入茶丛内部病虫为害处。每天使用完毕，要彻底清洗施药器械，妥善处理残留药液。

六、防灾减灾

根据地域气候条件采取相应防霜冻措施。

（一）防霜防冻

在茶园中平均 1.2~1.5 亩安装一台防霜扇，风机周边 6~8 米内无障碍物。春茶抽芽前 10 天左右、气温低于 3℃ 需启动防霜扇。

（二）茶蓬喷水

在霜冻发生前，开启茶园喷灌对茶蓬表面连续喷水，间隔时间小于 3 分钟，有效用水量 4~6 毫米/时。如气温降至 0℃以下，则不能采取此方法，防止结冰。

七、适期采收

发芽整齐、生长势强，采摘面平整的茶园可实行机械采摘。

大宗红、绿茶以一芽二叶、一芽三叶及其同等嫩度对夹叶为采摘标准新梢，当标准新梢达到 60%~80%时，即可进行机械采摘。一般春茶采摘 1 次，夏茶采摘 1 次，秋茶采摘 1 次。

根据不同茶叶加工工艺要求，可选用单人、双人采茶机，乘用型采茶机等机型采摘。采摘时进刀方向与茶芽生长方向垂直。作业时，保持发动机中速运转，作业速度以每分钟不超过 30 米为宜。

（1）每台单人采茶机配备人员 2~3 名，其中机手 1 名，辅助人员 1~2 名，由边缘向中心采摘。每行茶树来回各采摘 1 次，去程采摘过树冠线 5~10 厘米部分，回程再采剩余部分，两次采摘高度要一致，防止中心部重复采摘。

（2）每台双人采摘机配备人员 3~4 名，主机手 1 名，副机手 1 名，辅助人员 1 名，掌握采茶机剪口高度与前进速度，切口整齐，无撕裂。

第三章 蔬菜生产实用技术

第一节 芹菜生产技术

一、栽培茬口

（一）春芹菜

保护地设施栽培，一般11月上旬至翌年2月下旬播种育苗，适龄期定植，4月下旬至6月下旬采收。露地栽培，一般3月中旬至4月上旬播种，7—8月采收。

（二）夏芹菜

4月中、下旬至6月播种，8—9月采收。

（三）秋芹菜

7月上旬播种，10—11月采收。

（四）越冬芹菜

8月上旬至9月上旬播种育苗，12月至翌年3月采收。

二、品种选择

春季选择冬性强、不易抽薹、耐寒的品种，夏季选择耐热、抗病、生长快的品种，秋冬季选择耐寒、产量高、品质好、耐储运的品种。

三、育苗

（一）育苗设施

冬季一般在日光温室育苗，或通过在塑料大棚内架设小拱棚、盖 2 层膜、保温被等措施保温育苗。夏、秋季可用露地育苗或遮阴棚育苗。

（二）苗床制作

做宽 1.0~1.5 米的育苗畦。每立方米土中施入充分腐熟厩肥 20~25 千克，氮磷钾三元复合肥（15-15-15）1 千克，耕翻细耙。苗床面积为移栽面积的 1/10 左右。

（三）浸种催芽

将种子放入凉水中浸种 24 小时，其间搓洗 2~3 次。将种子取出后用 0.2%高锰酸钾溶液消毒 20 分钟，清水洗净，用透气纱布包好，湿毛巾覆盖，在 15~20℃条件下催芽。催芽期间，每天翻动种子 1 次，每两天用清水淘洗 1 次，一般 1 周左右，有 50%种子露白时就可播种。

（四）播种

播前育苗畦内先浇足底水，待水下渗后，将催好芽的种子掺少量细土，均匀撒播于育苗畦内。本芹每亩用种量 150~250 克，西芹每亩用种量 20~25 克。播后覆土 0.5~1.0 厘米。

（五）苗期管理

出苗前，苗床气温白天保持 20~25℃，夜间 10~15℃。冬、春季育苗，要注意加盖地膜和草苫保温。夏秋季育苗，应采用遮阳网覆盖，遮阴降温。齐苗后，白天保持 18~22℃，夜间不低于 8℃。在整个育苗期间，要注意浇小水，保持土壤湿润。当幼苗第一片真叶展开后，进行初次间苗，苗距 1.0~1.5 厘米。以后再进行 1~2 次间苗，苗距 2~3 厘米为宜。后期可根据植株长势，随水追施一次尿素，每亩5~10千克。

（六）壮苗标准

苗龄50~60天，4~5片真叶，株高12~15厘米，叶色浓绿，根系发达，无病虫害，无机械损伤。

四、定植

（一）定植前的准备

定植前1周，浇水造墒。每亩施用腐熟的有机肥4~5立方米，氮磷钾三元复合肥（15-15-15）25~30千克，硼砂0.5~1千克；或磷酸二铵20千克，硫酸钾10千克。深翻耙细，整平作畦，畦宽1.2~1.5米。

（二）定植密度

春、秋季栽培，本芹每亩定植25 000~35 000株为宜，秋冬和夏季栽培，每亩定植35 000~45 000株为宜。西芹一般每亩定植10 000~20 000株。

（三）定植方法

高温季节定植宜在下午3时后进行。定植前苗畦浇大水，以利起苗。带土取苗，单株定植。在种植畦内按苗距5厘米左右挖穴，插苗后覆土，栽培深度应与苗床上的入土深度相同，露出心叶，栽后浇水。

五、定植后管理

（一）春芹菜

1. 保护地栽培

定植前10天扣棚，提高温度。定植后，通过放风和加盖保温设施来调节棚内温度和湿度，定植初期棚内温度保持白天20~25℃，夜间10~15℃。缓苗后，白天保持18~22℃，夜间8℃以上。生长前期适当少浇水，以免降低地温。结合浇水，每次每亩追施尿素或氮磷钾三元复合肥（15-15-15）5~8 千克，收获前 7 天停止追肥。

2. 露地栽培

早春露地栽培，当外界气温 10℃以上，地温稳定在 5℃以上时定植。定植初期正是温度较低及土壤干旱季节，要注意适量浇水，加强中耕保墒，提高地温，促进缓苗。随外界气温升高，加强肥水管理。植株快封垄时，每 5~6 天浇水 1 次，保持畦面湿润。结合浇水，每次每亩追施尿素或氮磷钾三元复合肥（15-15-15）5~8 千克，收获前 7 天停止追肥。

（二）夏芹菜

夏季栽培一般采用直播方式露地栽培。播种前施足底肥，每亩施用腐熟的圈肥 4~5 立方米、氮磷钾三元复合肥（15-15-15）25~30 千克、硼砂 0.5~1.0 千克；或磷酸二铵 20 千克、硫酸钾 10 千克等。深翻、整平，做成宽 1.2~1.5 米的畦。播后浇透水，并及时加盖遮阳网。生长期间要保持畦面湿润，每 2~3 天浇小水 1 次，出苗后及时间苗，最终使苗距达 6~10 厘米。下雨后要及时排水防涝。追肥以少量多次为原则，每 7~10 天追肥 1 次，每亩追施尿素或氮磷钾三元复合肥（15-15-15）5~8 千克，收获前 7 天停止追肥。

（三）秋芹菜

1. 露地栽培

定植后 10~15 天，每隔 2~3 天浇 1 次水。缓苗后及时中耕蹲苗，促进根系发育。芹菜进入旺盛生长期要保持肥水充足。每 3~5 天浇水 1 次，10~15 天追肥 1 次，每次每亩追施尿素或氮磷钾三元复合肥（15-15-15）10~15 千克。收获前 7 天停止追肥。

2. 保护地秋延后栽培

缓苗前每 2~3 天浇水 1 次，缓苗后，适当控制浇水进行蹲苗。定植 2~3 周后，每次每亩追施尿素 10~15 千克。当芹菜进入旺盛生长期，每亩追施腐熟饼肥或腐熟有机肥 100~200 千克。此时追施化肥要采取少施勤施原则，每 10~15 天追肥 1 次，每次每亩追施尿素或氮磷钾三元复合肥（15-15-15）10~15 千克。进入 10 月下旬后，随外界气温降低，及时盖膜扣棚，使棚内温度保持白天 15~20℃，夜间 8~10℃。白天温度高于 20℃要及时放风，夜间低于 8℃，加盖草苫保温。

（四）越冬芹菜

设施内白天温度保持在 15~20℃，最高不超过 25℃，夜间保持在 6℃以上。在寒冷冬季来临前，可追施 2~3 次速效肥，每次每亩施尿素或氮磷钾三元复合肥（15-15-15）15~20 千克。天气转暖后，逐渐加大浇水量，10~15 天可追施 1 次，每次每亩施尿素或氮磷钾三元复合肥（15-5-15）10~15 千克。

六、病虫害防治

（一）主要病虫害

斑枯病、叶斑病、病毒病、蚜虫、粉虱、斑潜蝇、甜菜夜蛾。

（二）防治原则

按照“预防为主，综合防治”的植保方针，坚持“以农业防治、物理防治、生物防治为主，化学防治为辅”的原则。注意轮换交替使用药剂，严格控制农药的安全间隔期。

（三）农业防治

与非伞形科作物实行 3 年轮作；选用抗病品种；培育适龄壮苗；通过放风、增强覆盖、辅助加温等措施，控制各生育期温湿度，避免低温和高温伤害；增施充分腐熟的有机肥，减少化肥用量；及时清洁田园，降低病虫基数；及时摘除病叶、病株，集中销毁。

（四）物理防治

1. 病毒病

露地栽培采用银灰膜驱蚜，可兼防病毒病。

2. 粉虱、蚜虫、斑潜蝇

日光温室及大棚内通风口处增设40目的防虫网；设施内每亩悬挂30厘米×20厘米的黄色粘虫板30~40块诱杀粉虱、蚜虫、斑潜蝇等害虫，悬挂高度为色板底部与植株顶部持平或高出5~10厘米。

3. 甜菜夜蛾、棉铃虫

利用杀虫灯诱杀甜菜夜蛾、棉铃虫等，悬挂在离地面1.2~1.5米处，露地栽培每1.3~2.0公顷1盏，设施内一般每棚安装1盏。

（五）化学防治

1. 灰霉病

发病初期，可选用50%腐霉利可湿性粉剂1 000~1 500倍液，或25%甲霜灵可湿性粉剂1 000倍液、45%噻菌灵悬浮剂3 000~4 000倍液等喷雾防治，隔7~10天喷1次，共喷3~4次。由于灰霉病菌易产生抗药性，应尽量减少用药量和施药次数，必须用药时，要注意轮换或交替及混合施用。

2. 软腐病

在发病前或发病初期，可喷72%硫酸链霉素3 000~4 000倍液，隔7天喷1次，连喷2~3次。或选用50%多菌灵可湿性粉剂500~800倍液、70%甲基硫菌灵可湿性粉剂800~1 000倍液等，喷洒植株和浇灌根颈部，7~10天喷1次，连续防治2~3

次。喷药时，要均匀喷洒所有的茎叶，以开始有水珠往下滴、并渗透入根部土壤为宜。在芹菜生长中后期，叶面喷洒一次0.2%~0.3%磷酸二氢钾和1 000倍液的赤霉酸混合液，能明显增强芹菜植株抗软腐病的能力，提高产量和品质。

3. 芹菜细菌性叶斑病

棚室或田间湿度大，易发病和蔓延。种植密度大的田块发病重。苗期防治是关键，可选用72%硫酸链霉素可溶性粉剂3 000倍液，或14%络氨铜水剂400倍液等喷雾防治。以上药剂应交替使用，以免产生抗药性。

七、适期采收

芹菜生育期一般为120~140天，在成株有8~10片成龄叶时即可采收，采收要在无露水条件下进行。

第二节　辣椒生产技术

一、品种选择

（一）露地栽培绿色辣椒品种选择

1. 灯笼椒早熟品种

农乐、农大8号、中椒5号、甜杂1号、津椒2号、辽椒3号、吉椒1号、吉椒2号。

2. 灯笼椒中、晚熟品种

农大40、农发、中椒4号、茄门甜椒。

3. 长角椒中早熟品种

中椒6号、津椒3号、湘研2号。

4. 长角椒中晚熟品种

苏椒2号、苏椒3号、吉椒3号、农大21号、农大22号、农大23号、湘研3号。

（二）保护地栽培辣椒品种选择

1. 灯笼椒

中椒5号、甜杂3号、苏椒4号。

2. 长角椒

苏椒6号、津椒3号、中椒10号。

3. 彩色甜椒

黄欧宝、紫贵人、菊西亚、白公主。

二、整地施基肥

选择地势高燥、中等以上肥力的壤土或砂壤土，结合翻耕，每亩施用有机肥5 000~6 000千克，过磷酸钙20~25千克。

三、育苗技术

（一）种子处理

30℃温水浸泡30分钟后，用55℃温水浸种15分钟，或用10%磷酸三钠溶液浸种20~30分钟，洗净种子上的药液，然后用25℃水浸种7~8小时。在25~30℃条件下催芽。

（二）床土配制

田土5份、腐熟的马粪或厩肥5份、炉灰或珍珠岩1份，每立方米床土加入1 500克复合肥，或磷酸二氢钾1 000克、尿素800克，另外加入多菌灵或甲基硫菌灵150~200克，混合均匀后过筛。

（三）播种

在育苗盘内播种。每亩需要种子170~200克，播种面积4~5平方米。覆土厚度1厘米。

(四) 苗期管理

1. 覆土

在幼芽拱土和出齐苗时分别覆土1次，每次厚度0.5厘米。

2. 分苗

第二片真叶展开时，把幼苗从育苗盘移栽到营养钵或72孔穴盘内。灯笼椒2株栽在一起，长角椒3株栽在一起。

3. 温度

播种后保持床土温度20~25℃，出苗后白天20~25℃，夜间15~18℃。

4. 水肥管理

播种时浇透水，分苗时浇足水，成苗期不能缺水，保持土壤润湿状态，15天左右用0.2%尿素和0.2%的磷酸二氢钾溶液喷施幼苗。

5. 秧苗锻炼

定植前7~10天逐渐降低苗床温度，加强通风。最后3~4天白天20℃，夜间10~12℃。

6. 秧苗消毒

定植前利用75%的百菌清可湿性粉剂600倍液，或75%的代森锰锌可湿性粉剂喷施秧苗。

7. 苗龄

露地栽培80~90天；保护地早熟栽培80~100天；中晚熟品种120天。

四、定植

塑料大棚每亩栽培3 500~4 000穴，每穴双株，行距50厘米，穴距30厘米；日光温室栽培采用大小行栽培，大行距65~70厘米，小行距45~50厘米，穴距25~30厘米，每穴双株。

五、田间管理

（一）温度管理

苗期，白天25～32℃，夜间16～17℃；开花结果期，白天25～27℃，夜间16～18℃。

（二）水分管理

定植时浇足水，以后视湿度情况一般低温季节12～15天浇1次水，高温季节5～7天浇1次水。

（三）光照管理

辣椒的光饱和点3万勒克斯，补偿点1 500勒克斯，所以冬季要加强光照，夏季要遮阴。

（四）施肥

每亩施入磷酸二铵20千克，硫酸钾20千克，过磷酸钙50千克，或腐熟有机肥2 000～2 500千克。

（五）植株调整

在整个生长期要注意整枝、支架、除老叶。

六、病虫害防治

（一）主要病虫害

苗床主要病虫害有猝倒病、立枯病、灰霉病、茎基腐病、疫病，蚜虫。田间主要病虫害有灰霉病、疫病、炭疽病、枯萎病、白粉病、病毒病，蚜虫、白粉虱、蓟马、烟青虫、茶黄螨、甜菜夜蛾、棉铃虫等。

（二）农业防治

与非茄科作物轮作3年以上；针对当地主要病虫控制对象，选用高抗多抗的品种；培育适龄壮苗，提高抗逆性；及时清洁田园；合理浇水，加强通风和植株调整，降低空气湿度；增施充分腐熟的有机肥。

(三) 物理防治

1. 设置防虫网

在温室的通风口用40目防虫网封闭，减轻虫害的发生。

2. 黄板诱杀

温室内每亩间隔悬挂30~40块黄色和蓝色粘虫板（25厘米×40厘米），诱杀蚜虫、白粉虱、斑潜蝇、蓟马等害虫。悬挂高度与植株顶部持平或高出5~10厘米。

3. 银灰膜驱避蚜虫

在日光温室内铺银灰色地膜或张挂银灰膜膜条驱避蚜虫。

(四) 生物防治

保护利用瓢虫、寄生蜂等天敌。

(五) 化学防治

1. 猝倒病

发现病株，立即拔除。可用30%霜霉·噁霉灵水剂300~400倍液浸种，或30%精甲·噁霉灵水剂30~45毫升/亩苗床喷雾。

2. 立枯病

可用50%异菌脲可湿性粉剂2~4克/米^2，或30%噁霉灵水剂2.5~3.5克/米^{2}泼浇苗床。

3. 灰霉病

发病初期可用50%咪鲜胺锰盐可湿性粉剂30~40克/亩喷雾防治。

4. 疫病

发病初期可用80%代森锰锌可湿性粉剂150~210克/亩，或500克/升氟啶胺悬浮剂25~35毫升/亩，或50%嘧菌酯水分散粒剂20~36克/亩喷雾防治。

5. 炭疽病

发病初期可用86%波尔多液水分散粒剂375~625倍液，或

80%代森锰锌可湿性粉剂 150～210 克/亩，或 10%苯醚甲环唑水分散粒剂 65～80 克/亩喷雾防治。

6. 枯萎病

发病初期可用 25%咪鲜胺乳油 500～750 倍液喷雾防治。

7. 白粉病

发病初期可用 12%苯甲·氟酰胺悬浮剂 40～67 毫升/亩，或 25%咪鲜胺乳油 50.0～62.5 克/亩喷雾防治。

8. 病毒病

发病初期可用 20%吗胍·乙酸铜可湿性粉剂 120～150 克/亩，或 1.2%辛菌胺醋酸盐水剂 200～300 毫升/亩，或 50%氯溴异氰尿酸可溶粉剂 60～70 克/亩喷雾防治。

9. 蚜虫

可用 10%溴氰虫酰胺悬乳剂 30～40 毫升/亩，或 14%氯虫·高氯氟微囊悬浮-悬浮剂 15～20 毫升/亩，或 10%氯菊酯乳油 4 000～10 000 倍液喷雾。

10. 白粉虱

可用 10%溴氰虫酰胺悬乳剂 50～60 毫升/亩喷雾，或用 22%联苯·噻虫嗪悬乳剂 20～40 毫升/亩喷雾，或用 25%噻虫嗪水分散粒剂 2 000～4 000 倍液灌根防治。

11. 蓟马

可用 10%溴氰虫酰胺悬乳剂 40～50 毫升/亩，或用 21%噻虫嗪悬浮剂 10～18 毫升/亩喷雾。

12. 烟青虫

用 2%甲氨基阿维菌素苯甲酸盐微乳剂 5～10 毫升/亩，或 4.5%高效氯氰菊酯乳油 35～50 毫升/亩，或 14%氯虫·高氯氟微囊悬浮-悬浮剂 15～20 毫升/亩喷雾。

13. 茶黄螨

可用 43%联苯肼酯悬浮剂 20～30 毫升/亩喷雾防治。

14. 甜菜夜蛾

可用5%氯虫苯甲酰胺悬浮剂30~60毫升/亩喷雾防治。

15. 棉铃虫

可用10%溴氰虫酰胺悬乳剂10~30毫升/亩，或用5%氯虫苯甲酰胺悬浮剂30~60毫升/亩喷雾。

七、适期采收

果实达商品成熟时须及时采收，注意适当早收门椒、对椒，以防止坠秧。

第三节　番茄生产技术

一、品种选择

（一）露地早熟番茄品种

中杂10号、红玛瑙140、佳粉10号、佳粉15号、双抗1号、京丹2号、利生7号、东农704。

（二）露地中晚熟番茄品种

苏杭3号、佳红、中杂8号、西农72-4、中蔬5号、鲁番茄6号。

（三）保护地春提前栽培的品种

早丰、超群、美国大红、先丰、粉霞、佳粉15。

（四）保护地秋延后番茄品种

西粉3号、毛粉802、双抗2号、加州番茄。

（五）日光温室越冬番茄品种

秋丰、鲁粉2号、毛粉802、中杂9号。

二、整地施基肥

每亩地施入腐熟的有机肥 5 000 千克，同时加入过磷酸钙 50 千克，结合翻耕肥土混合，翻耕深度 25~30 厘米。绿色番茄露地栽培北方春季干旱地区采用平畦栽培，南方多雨地区采用高畦栽培，东北地区一般采用垄作。保护地栽培采用地膜高畦栽培，采用膜下暗灌、膜下滴灌。

三、育苗技术

（一）种子处理

选种后，晒种 2~3 天，搓掉种子茸毛，用 25℃温水浸种 30 分钟后利用 1 000 倍的高锰酸钾或者 10 倍的磷酸三钠溶液浸种 20 分钟后，反复冲洗种子上的药液。或用 55℃的温水烫种 10 分钟。种子消毒后用 25~30℃温水浸种 8~10 小时。在 28~30℃条件下催芽，2 天后即可出齐芽。

（二）床土配制

田土 5 份、腐熟的马粪或厩肥 5 份、炉灰或珍珠岩 1 份，每立方米床土加入 1 500 克复合肥，或磷酸二氢钾 1 000 克、尿素 800 克，另外加入多菌灵或甲基硫菌灵 150~200 克，混合均匀后过筛。

（三）播种

每亩用种量 30~50 克，播种床面积 6 平方米。在播种盘内播种，覆土厚度 1 厘米。

（四）苗期管理

1. 温度

播种后保温保湿，气温保持在 25~30℃，床土温度 20~25℃；3~5 天出齐苗后逐渐进行通风，白天温度 20~25℃，夜间

10~12℃；分苗后白天20~25℃，夜间15~18℃，土温15~20℃；2~3天缓苗后进入成苗期，白天20~25℃，夜间12~14℃。

2. 分苗

播种后25天，幼苗展开1~2片真叶时，把幼苗移栽到营养钵或穴盘中。

3. 水肥管理

在小苗拱土和出齐苗时分别覆土1次，每次0.3厘米厚，小苗移栽到营养钵后不能缺水，要小水勤浇，不控水也不浇大水，保持土壤相对含水量60%。发现幼苗颜色变淡时用0.2%的尿素和0.2%的磷酸二氢钾溶液喷施叶片。

4. 光照管理

低温季节利用反光幕、人工补光、清洗透明覆盖物、草帘早揭晚盖等措施提高光照强度；高温季节为降低温度遮阴时，只是在中午前后遮阴，也要保证光照强度大于3万勒克斯，光照时数8~16小时。

5. 倒苗

育苗后期小苗拥挤时，及时挪动营养钵加大幼苗间距离，同时，调换大小苗的位置。

6. 秧苗锻炼

低温季节育苗的，定植前7~10天，逐渐加大通风量降低温度，同时控制浇水，后3天温度白天控制在15~20℃，夜间5~10℃。

7. 秧苗消毒

定植前利用75%的百菌清可湿性粉剂600倍液或75%的代森锰锌可湿性粉剂喷施秧苗。

8. 苗龄

早熟品种60~70天，中晚熟品种70~80天。苗高20~25厘米、茎粗0.5~0.6厘米，具有8~9片真叶。

四、定植

低温季节选晴天上午栽苗；高温季节选阴天或傍晚栽苗。

露地小架早熟栽培行距40~45厘米，株距23~26厘米，每亩栽培5 000株左右；小架中熟栽培行距50厘米，株距26~33厘米，每亩栽苗4 000株左右；大架长生长期栽培，行距66厘米，株距33厘米，每亩栽苗3 000株。

保护地栽培，留2~3穗果摘心的小架早熟栽培，行距50厘米，株距27厘米，每亩栽苗5 000株；留3~4穗果摘心的小架早熟栽培，行距50厘米，株距30厘米，每亩栽苗4 400株；不摘心的大架长生长期栽培，行距80厘米，株距40厘米，每亩栽苗2 000株。

五、田间管理

（一）温度管理

低温季节保护地栽培，刚定植3~4天内不通风，温度30℃左右，超过33℃通风降温；缓苗后通风降温，白天温度20~25℃，夜间15~17℃；进入结果期，白天25~28℃，夜间15~17℃。高温季节栽培主要是降温，尽量避免出现32℃以上的高温。利用水帘、遮阳网、微雾等方法实施降温。但注意遮阳网要在上午10时之后至下午3时以前覆盖，早晚和阴天不覆盖，以免光照不足。

（二）水分管理

定植时浇透水，勤中耕松土。5~7天后浇1次缓苗水，以后连续中耕松土2~3次，根据品种、苗龄、土质、土壤墒情、幼苗生长情况适当蹲苗。自封顶的早熟品种、大龄苗、老化苗、土壤干旱、砂质土壤的，蹲苗期要短，当第一穗果豌豆大小时结束蹲苗；反之则要长一些，当第一穗果乒乓球大小时结束蹲苗。

进入结果期，要保持土壤润湿状态，土壤含水量达到 80%，低温季节 6~7 天浇 1 次水，高温季节 3~4 天浇 1 次水。灌水要均匀，避免忽干忽湿。保护地栽培要在晴天上午浇水，浇水后要加大通风量。空气相对湿度控制在 45%~65%。

（三）光照管理

光照强度 3.0 万~3.5 万勒克斯以上，低温寡日照时保护地栽培，要采取加反光幕、草帘早揭晚盖、擦洗透明覆盖物、人工补光等措施增强光照。高温季节为防止高温进行遮阴时，也要保证光照的充足，一般只是中午遮阴，早晚和阴天不覆盖。

（四）施肥

小架栽培每株留 2~3 穗果，可在每穗果乒乓球大小时追肥 1 次。高架栽培，留果穗数多的，可在第一、第三、第五、第七穗果乒乓球大小时分别追肥 1 次。结合浇水每次每亩地施腐熟粪肥 1 000 千克，或腐熟饼肥 50 千克，或草木灰 100 千克，或硫酸钾 25 千克，或钙镁磷肥 25 千克，上述肥料交替使用。用 0.2%磷酸二氢钾和 0.3%的尿素溶液，3%~5%的氯化钙溶液 10~15 天喷施叶片 1 次。保护地栽培的进行二氧化碳气体施肥，浓度为 800~1 200 毫升/米^3。

（五）植株调整

1. 支架

小架栽培架高 1 米，搭人字架；大架栽培架高 1.5~1.7 米，搭成花架或人字高架，保护地栽培可用尼龙绳吊蔓。

2. 整枝

多采用单干整枝，秧苗不足时也可用双干整枝；长生长期栽培时可用连续换头的整枝方式，即留 2 穗果摘心，利用下部的侧枝代替主枝生长，反复进行多次。

3. 打杈

侧枝生长 6~8 厘米时，选晴天通风时掰去侧枝，尽量避免接触主干。生长势弱的可在开花后打杈；生长势旺盛的要及时打杈。

4. 摘心

根据留果穗数，穗数达到后，最后一穗果上留 2 片叶后摘心。

5. 打老叶

果实开始转色时，把下层衰老的叶片除去，支架内膛叶片、受光差或见不到光的叶片、变黄的叶片和病叶要及时打去。打老叶要在晴天上午进行。

6. 绑蔓

植株 30 厘米以上，开始开花时在第一穗花下绑蔓，茎和架之间绑成“8”字形。每穗果开花时在其下绑一道。采用吊绳的利用吊绳缠绕蔓茎即可。

7. 保花保果

防止出现白天高于 35℃、夜间高于 22℃和低于 15℃的温度；空气相对湿度控制在 45%~75%。增加光照，调整生长平衡等。

使用手持式振荡器在晴天的下午对已开花朵进行振荡，避免使用激素处理花朵。

六、病虫害防治

（一）主要病虫害

苗床病虫害主要有猝倒病、立枯病、早疫病，蚜虫。田间病虫害主要包括灰霉病、晚疫病、叶霉病、早疫病、青枯病、溃疡病、根结线虫病、病毒病，蚜虫、美洲斑潜蝇、白粉虱、烟粉虱、棉铃虫。

（二）防治原则

按照“预防为主，综合防治”的植保方针，坚持“以农业防治、物理防治、生物防治为主，化学防治为辅”的原则。

（三）农业防治

与非茄科作物轮作3年以上；针对当地主要病虫控制对象，选用高抗多抗的品种；培育适龄壮苗，提高抗逆性；及时清洁田园；合理浇水，加强通风和植株调整，降低空气湿度；施用充分腐熟的有机肥。

（四）物理防治

1. 设置防虫网

在温室的通风口用40目防虫网封闭，减轻虫害的发生。

2. 黄板诱杀

温室内每亩悬挂30~40块黄色粘虫板或黄色板条（25厘米×40厘米），其上涂一层机油，可诱杀蚜虫、白粉虱、斑潜蝇等害虫。悬挂高度与植株顶部持平或高出5~10厘米。

3. 银灰膜驱避蚜虫

在日光温室内铺银灰色地膜或张挂银灰膜膜条驱避蚜虫。

（五）生物防治

积极保护利用天敌，如捕食螨、寄生蜂等，防治病虫害。

（六）化学防治

1. 病毒病

可选用1.5%烷醇·硫酸铜1 000倍液，混合脂肪酸200倍液、磷酸三钠500倍液、高锰酸钾1 000倍液等喷雾防治。结合叶面喷施葡萄糖。

2. 晚疫病

可选用27%碱式硫酸铜悬浮剂400倍液，34%松脂酸铜乳油

500 倍液等喷雾防治。

3. 青枯病、溃疡病

发病初期，可用 77%氢氧化铜可湿性粉剂 500 倍液灌根，每株灌药液 500 毫升，隔 10 天左右再灌 1 次。选用 72%硫酸链霉素可溶性粉剂 4 000 倍液，50%琥胶肥酸铜可湿性粉剂 500 倍液，50%氢氧化铜可湿性粉剂 500 倍液，34%松脂酸铜乳油 500 倍液，27%碱式硫酸铜悬浮剂 400 倍液等喷雾防治。

七、适期采收

长途运输可在绿熟期（果实绿色变淡）采收；短途运输可在转色期（果实 1/4 部位着色）采收；就地供应或近距离运输可在成熟期（除果实肩部外全部着色）采收。

第四节　日光温室越冬茬茄子生产技术

日光温室越冬茬茄子生产，经济效益高。一般是 9 月 1 日前后播种育苗，苗龄 50～55 天，10 月底定植，12 月中旬前后始收，直至翌年 6—7 月收获结束，是解决严冬和早春市场供应及实现茄子周年供应关键的一茬。

一、品种选择

选用品种首先要尽量在果形、颜色上符合目标市场要求；其次是必须能抗病、耐寒、耐弱光；再次是品种自身应该有较好的自我修复能力。越冬茬栽培时为了充分利用土地和提高经济效益，可以采取主行长期栽培和副行短期栽培间作的方式。主行长期栽培宜选用中晚熟品种，副行短期栽培宜选用早熟品种，如苏长茄、茄杂 2 号、辽茄 1 号等。

二、育苗

宜选用嫁接秧苗。壮苗标准为秧苗整齐，无病虫害。株高15~20厘米，砧木高度5~8厘米，砧木粗0.4厘米以上。二叶一心至四叶一心，真叶叶色浓绿，茎秆粗壮，根系发达。

三、定植前准备

（一）施肥整地

越冬茬属长期栽培，一定要比其他种植形式更多地施入基肥。通常，每亩施充分腐熟发酵的农家肥4~15立方米（鸡粪4~5立方米、猪粪5~6立方米、羊粪10~12立方米、牛粪12~15立方米），或生物有机肥料400~500千克。硅钙或硝酸铵钙20~25千克、硫酸钾型复合肥（15-15-15）50~100千克、硫酸镁20~30千克、硫酸亚铁5千克、硫酸锌3千克、硼酸或硼砂1.5千克。微量元素肥料与有机肥混合施用。所有肥料均匀撒施，然后旋耕或深翻30厘米左右。

（二）温室及土壤消毒

1. 温室消毒

定植前15天，温室覆膜后，高温闷棚5~7天，并用硫磺熏蒸。方法是：每亩用80%的敌敌畏乳油250毫升、硫磺粉3~4千克和锯末适量混合，每隔10米放一堆，从里向外逐渐引燃，熏蒸1昼夜，放风至无味后定植。

2. 土壤消毒

根据前茬作物病虫害发生种类及轻重选择药剂。如每亩用80%噁霉·福美双可湿性粉剂1千克+86.2%氧化亚铜可湿性粉剂1千克，土壤深翻后，整地作畦浇大水，随水将药剂浇灌到土壤中。

3. 温室及土壤消毒

每年6—7月前茬作物拉秧后，到茄子定植前60~70天高温休闲期进行氰氨化钙+秸秆消毒。方法是：每亩施入土壤60~80千克氰氨化钙和1 000千克粉碎秸秆，然后深翻起垄，浇大水，覆膜密封种植区域，并密闭温室30天左右。

(三) 作畦

高畦双行栽培，畦高20厘米，畦面宽90~100厘米，过道宽50厘米；高畦单行栽培，畦高20厘米，畦面宽70厘米，过道宽40厘米。在定植前7~10天，浇透水造墒。安装滴灌带，每行2根。

四、定植

(一) 秧苗蘸根

秧苗定植前，每15千克水兑70%噻虫嗪悬浮剂10克+25%嘧菌酯悬浮剂10毫升+0. 003%丙酰芸苔素内酯5毫升蘸根。

(二) 定植方法

每亩定植1 600~1 800株。双行栽培按照大行距80~90厘米，小行距60~70厘米开沟，沟深10厘米，株距50厘米左右。单行栽培在畦中央开沟，沟深10厘米，株距35厘米左右。定植深度以秧苗的嫁接口处高出地面3厘米以上为宜。

五、定植后的管理

(一) 温湿度管理

定植后要密闭保温，促进缓苗。缓苗后温度适当下降，白天23~28℃，超过30℃放风，夜间16~20℃，最低不能低于13℃，要求空气湿度控制在50%~60%，小水勤浇，土壤保持湿润，低温高湿时尽可能加强通风排湿，以减少发病的机会。还可将秸秆铡成 10 厘米左右的小段铺在工作行里，厚 15 厘米左右，这样既能增加棚内温度又能把秸秆旋耕发酵当做很好的有机肥。

通风排湿。每天早上进棚后开启上风口 15 厘米宽，放风 30 分钟后关闭风口升温，开风口是为了让棚内空气跟外界空气交换，增加温室内二氧化碳的浓度，促进茄子生长。当温度逐渐升高至 20℃以上时要逐渐放开风口，当温度达到 28℃时将风口全部打开，温度控制在 30℃以下利于花芽分化、膨果和茄子的生长。下午当温度降至 20℃左右时及时关闭风口。

当夜温降至 15℃时，要加盖草帘保暖，落草帘的幅度根据温度而定。最好在换完大棚膜后就把草帘上棚，以防天气突变造成损失。

（二）肥水管理

定植水浇足后，一般门茄坐果前不浇水。当门茄“瞪眼”期开始浇水，同时可随水冲施腐熟人粪尿；进入结果盛期，5~7 天浇 1 次水，根据植株长势合理施肥。对于长势弱的，可追加氮磷肥，如追施尿素 5 千克，磷酸二铵 5 千克。隔水追肥 1 次，同时，每 7 天叶面喷施磷酸二氢钾 1 次。进入 3 月中旬以后，一般每隔 8~10 天浇 1 次水，间隔 1 水随水追 1 次肥。追肥除尿素、硫酸钾外，每亩还可交替追施人粪尿 1 000 千克。结果期不宜施用过多的磷肥，防止果实变硬和老化。

（三）光照管理

此期尽量早揭帘、晚盖帘，每天有较长的见光时间，阴雨天也要及时揭帘。经常清除薄膜上的灰尘，通过选用无滴膜、地膜下浇水、通风等办法减少室内湿度，控制病害发生。结果后期，及时将植株下部的残枝老叶及无果枝条或弱枝打掉，带出室外焚烧或深埋。及时调整侧枝角度，增加通风透光，以使果实均匀着色，提高商品价值。

（四）植株调整

为了争取早期产量，获得品质较好的大果，一般都要进行整枝以改善通风透光条件，减少病害的发生，并能减少养分消耗，使植株吸收的养分集中供给果实，加快果实膨大速度提早上市时间。嫁接茄子生长势强，砧木会萌生出新的侧枝，应及时摘除，以防止消耗营养影响茄子生长。同时要及时清理底部老叶和无效枝，当植株长到 40 厘米高时开始吊枝，每株留两个主干，其余枝全部去掉。国外进口紫茄品种，当株高 1.9 米左右时，在采收过的部分，每个节间留一个侧枝，每个侧枝留 1 个茄子后留 1~2 片叶去头封顶。

（五）激素处理

越冬茬茄子栽培，由于温度低、光照弱、通风量小等原因，易发生落花落果现象。一般多采用激素处理进行保花保果，在激素处理时，要注意涂抹（喷）均匀，不要重复处理，可采用在溶液中加入广告色或剪除一片萼片等方法进行标记，同时应尽量避免喷抹到茎叶上。为了防止灰霉病的发生，可在激素溶液中加入 0.2%浓度的腐霉利。采用激素处理过的茄子，一般花冠不易脱落，吸水潮湿后常成为灰霉病的侵染源。因此在果实坐住膨大后，要及时将花冠轻轻摘掉。对于长势过弱的植株，最好不用激素处理，以免植株坐果过早而影响植株的正常生长。温度超过 30℃应停止处理花朵，对当天开放的花在上午 30℃以下时处理完毕，对未开放的变紫花朵，上午 10 时前处理不完的可下午 4 时后再处理。

六、病虫害防治

茄子的主要病害有黄萎病、枯萎病、病毒病、灰霉病、叶霉病、疫病等，主要虫害有白粉虱、蚜虫、蓟马等，应加强病虫害防治。

（一）农业防治

可采取合理密植、降低田间湿度、及时摘除病叶病果等措施；病虫害严重的田块可与非茄科作物进行3~4年轮作。

（二）物理防治

选择20厘米×25厘米规格的黄板，每亩悬挂30张，在茄子刚定植时黄板悬挂在距离地面约0.6米位置，随着植株的生长，黄板最后调节到距离地面1.5~1.8米位置。根据虫害发生情况及时更换黄板。

（三）化学防治

为减轻越冬期间病虫害为害，实行喷雾与烟剂相结合的方式，药剂的选择要遵循交替使用、合理混用的原则，同时注意用药方法多样化，采用生物菌剂提早预防病害，保障茄子生产绿色安全。防治次数及间隔天数按照产品说明书的要求实施。主要病虫害的化学防治方法如下：

1. 茄子黄萎病

发病初期浇灌50%敌磺钠、50%多菌灵可湿性粉剂500倍液，50%琥胶肥酸铜350倍液，每株灌兑好的药0.5升。

2. 茄子病毒病

喷洒20%吗胍·乙酸铜、1.5%烷醇·硫酸铜可湿性粉剂500倍液。

3. 茄子软腐病

喷洒50%琥胶肥酸铜可湿性粉剂500倍液、77%氢氧化铜可湿性粉剂500倍液、47%春雷霉素可湿性微粒粉剂800~1 000倍液、30%碱式硫酸铜悬浮剂400倍液。

4. 茶黄螨

选用20%高氯·马乳油2 000~3 000倍液、20%哒螨灵可湿性粉剂 2 000 倍液、5%噻螨酮乳油 2 000 倍液、20%双甲脒乳油 2 000 倍液、2.5%联苯菊酯乳油 3 000 倍液、25%增效喹硫磷乳油 800~1 000 倍液等，均有效。

七、适期采收

一般开花后 25 天采收。采收标准是看茄子萼片相连处白色或淡绿色的环状带，当环状带趋于不明显或正在消失，表明果实已停止生长，即可采收。

第五节　日光温室早春茬黄瓜生产技术

一、栽培季节

日光温室早春茬黄瓜一般 12 月下旬至 1 月上旬播种育苗，2 月中下旬定植，3 月下旬至 6 月上中旬采摘，采收期 3 个月以上。

二、品种选择

设施早春茬黄瓜应选用抗病、抗逆性强、耐低温弱光、优质、高产、商品性好、符合市场需求的品种；砧木选用根系发达，高抗土传病害，抗逆性强，与接穗亲和力强，且对接穗品质无不良影响的品种。

三、整地施肥作畦

（一）整地施肥

定植前 20 天进行整地。每亩施商品有机肥 2 000~3 000 千克、氮磷钾三元复合肥（18-8-18）50 千克，深耕细耙。

（二）作畦

做成小高畦，畦内起双小垄。垄高 20 厘米，垄底宽 40 厘米，小垄间距 50 厘米，两畦间大垄间距 80 厘米，并做好排水沟。畦垄做好后覆盖地膜烤畦提温保墒。

四、定植

当棚内 10 厘米土温稳定在 10℃以上、夜间最低气温稳定在 8～10℃即可定植。晴天上午，按株距 30～35 厘米在垄上开穴，浇穴水，摆苗，水渗下时封穴。每亩栽苗 3 300～3 400株。定植 4～5 天后，在畦内小垄沟灌水。有滴灌设备者，先栽苗再浇水。

五、定植后管理

（一）温度

定植后闭棚升温，促进缓苗。白天温度超过 30℃放风，午后气温降到 25℃以下闭风，夜间保持 10～13℃。结果期棚内气温达 35℃时放风降温。中后期外温升高，外温不低于 15℃时昼夜通风。

（二）肥水

定植缓苗后至坐瓜前，以控为主，植株表现缺水时，膜下浇小水，下午提前盖苫。采瓜初期 5～7 天浇 1 次小水。外界气温较低时，晴天上午浇水。进入结瓜盛期，植株蒸腾量增大，结瓜数多，通风量大，3～4 天浇 1 次水，浇水量也随着增加，并隔 1 次水追 1 次肥，每亩施氮磷钾三元复合肥（18-8-18）20～30 千克、发酵豆饼 60～70 千克。复合肥与发酵饼肥交替使用。后期可用 0.3%的尿素或磷酸二氢钾进行叶面追肥，壮秧防早衰；浇水在傍晚进行，降低夜温，加大昼夜温差。

（三）植株调整

7～8 节以下不留瓜，促植株生长健壮。用尼龙绳或塑料绳吊蔓，及时落蔓。随绑蔓将卷须、雄花及下部的侧枝去掉。对瓜码密、易坐瓜的品种，适当疏掉部分幼瓜或雌花。及时摘除老叶、卷须、侧枝。

六、病虫害防治

（一）防治原则

按照“预防为主，综合防治”的植保方针，坚持“以农业防治、物理防治、生物防治为主，化学防治为辅”的原则。

（二）主要病虫害

主要病害有猝倒病、立枯病、霜霉病、灰霉病、白粉病、炭疽病、细菌性角斑病；主要虫害有蚜虫、粉虱和潜叶蝇。

（三）农业防治

选用抗病性、适应性强的品种；实行3年以上轮作；培育壮苗，起垄种植，合理密植，合理施肥浇水，勤除杂草、清洁田园，高温闷棚，降低病虫源数量；发现病株及时清除、带出田外深埋；增施充分腐熟的有机肥，提高植株抗性。

（四）物理防治

1. 黄板诱杀

棚内悬挂黄色粘虫板诱杀蚜虫等害虫。黄色粘虫板规格25厘米×40厘米，每亩悬挂30~40块。

2. 防虫网阻虫

阻虫棚室通风口处设置40目的尼龙网纱围护。

（五）生物防治

采用天敌七星瓢虫、丽蚜小蜂防治蚜虫和白粉虱。

（六）化学防治

1. 猝倒病

发病初期，可用75%百菌清可湿性粉剂600倍液，或72.2%霜霉威盐酸盐水剂600倍液，喷雾防治。

2. 立枯病

发病初期，可用75%百菌清可湿性粉剂600倍液，喷雾防治。

3. 霜霉病

发病初期，可用58%甲霜·锰锌可湿性粉剂500倍液，或72.2%霜霉威盐酸盐水剂600倍液，或72%霜脲·锰锌可湿性粉剂500~600倍液，喷雾防治。

4. 灰霉病

发病初期，可用50%嘧菌酯可湿性粉剂3 000倍液，或40%嘧霉胺可湿性粉剂800~1 200倍液，或50%异菌脲可湿性粉剂1 000~1 500倍液，喷雾防治。

5. 白粉病

发病初期，可用40%氟硅唑乳油8 000~10 000倍液，或10%苯醚甲环唑水分散粒剂1 500~2 000倍液，喷雾防治。

6. 炭疽病

发病初期，可用70%甲基硫菌灵可湿性粉剂600~800倍液，喷雾防治。

7. 细菌性角斑病

发病初期，可用77%氢氧化铜可湿性粉剂600~800倍液，喷雾防治。

8. 蚜虫

可用20%吡虫啉可湿性粉剂2 000倍液，或25%噻虫嗪水分散粒剂5 000倍液，喷雾防治。

9. 白粉虱

可用10%噻嗪酮乳油1 000倍液，或25%灭螨猛乳油1 000倍液，或2.5%联苯菊酯乳油3 000倍液，或2.5%高效氯氟氰菊酯乳油3 000倍液，或20%甲氰菊酯乳油2 000倍液，喷雾防治。

七、适期采收

黄瓜定植以后，一般 25～30 天即可采收。采收的标准，从长度上来说，大概是 10～25 厘米，从直径上来说，大概 2～3 厘米。从重量上来说，一般早期黄瓜 100 克左右就可以采收，到中期，也就是结瓜盛期，达到 200 克左右就可以采收，到后期植株逐渐衰老，瓜条 150 克左右的时候采收。当然这些标准不是绝对的，要依品种特性而定。

第六节　日光温室越冬茬西葫芦生产技术

西葫芦即美洲南瓜，又称角瓜。西葫芦生长期短，上市集中，产量高，易栽培、成本低。近年来保护地栽培面积不断扩大，尤以利用塑料薄膜拱棚和日光温室栽培较多。

一、品种选择

宜选择早熟、短蔓类型的品种，如早青一代、灰采尼、奇山 2 号等品种。

二、育苗

（一）苗床准备

在大棚内建造苗床，苗床为平畦，宽 1.2 米、深 10 厘米。育苗用营养土可用肥沃大田土 6 份，腐熟有机肥 4 份，混合过筛。过磷酸钙 2 千克、草木灰 10 千克（或氮磷钾复合肥 3 千克）、50%多菌灵可湿性粉剂 80 克，充分混合均匀。将配制好的营养土装入营养钵或纸袋中，装土后营养钵密排在苗床上。

（二）播种期

越冬茬西葫芦播种期为10月上中旬。

（三）种子处理

每亩用种量400～500克。播种前将西葫芦种子在阳光下暴晒几小时（不要在水泥地面上）并精选，进行温汤浸种后催芽。

（四）播种

80%以上种子出芽时即可播种。播种时先将营养钵（或苗床）灌透水，水渗下后，每个营养钵中播1～2粒种子。播完后，覆土1.5～2.0厘米厚。

（五）苗床管理

播种后，床面盖好地膜，并扣小拱棚；出土前温度白天控制在28～30℃，夜间16～20℃，促进出苗；幼苗出土时，及时揭去床面地膜，防止徒长或烫伤幼苗；出土后第一片真叶展开，苗床白天气温20～25℃，夜间10～15℃；第一片真叶形成后，白天保持22～26℃，夜间13～16℃。苗期干旱可浇小水，一般不追肥，但在叶片发黄时可进行叶面追肥；定植前5天，逐渐加大通风量，白天20℃左右，夜间10℃左右，降温炼苗。

（六）壮苗标准

茎粗壮，节间短，根系完整，叶色浓绿，有光泽，叶柄较短，三叶一心，株型紧凑，苗龄30天左右。

三、定植

（一）整地、施肥、做垄

每亩施用腐熟的优质有机肥5～6立方米，复合肥50千克，还可增施饼肥，每亩150千克。将肥料均匀撒于地面，深翻30厘米，耙平地面。施肥后，于9月下旬至10月上旬扣好塑料薄膜。定植前15～20天，用45%百菌清烟剂按照每亩1千克熏烟，严密封闭大棚进行高温闷棚消毒 10 天左右。

起垄种植，种植方式有两种：一种方式是大小行种植，大行 80 厘米，小行 50 厘米，株距 45～50 厘米，每亩 2 000～2 300 株；另一种方式是等行距种植，行距 60 厘米，株距 50 厘米，每亩栽植 2 200 株。按种植行距起垄，垄高 15～20 厘米。

（二）定植方法

仔细从苗床起苗，在垄中间按株距要求开沟或开穴，先放苗并埋入少量土固定根系，然后浇水，水渗下后覆土。栽植深度不要太深。定植后及时覆盖地膜。

四、定植后管理

（一）温度调控

缓苗阶段不通风，密闭以提高温度，促使早生根，早缓苗。白天棚温应保持 25～30℃，夜间 18～20℃，晴天中午棚温超过 30℃时，可利用顶窗少量通风。缓苗后白天棚温控制在 20～25℃，夜间 12～15℃，促进植株根系发育，有利于雌花分化和早坐瓜。坐瓜后，白天提高温度至 22～26℃，夜间 15～18℃，最低不低于 10℃，加大昼夜温差，有利于营养积累和瓜的膨大。

温度的调控措施主要是按时揭盖草苫、及时通风等。深冬季节，白天要充分利用阳光增温，夜间增加覆盖保温，可使用双层保温措施。清晨揭盖后及时擦净薄膜上的碎草、尘土，增加透光率。

2 月中旬以后，西葫芦处于采瓜的中后期，随着温度的升高和光照强度的增加，要做好通风降温工作。根据天气情况和具体设施条件等灵活掌握通风口的大小和通风时间的长短。原则上随着温度升高要逐渐加大通风量，延长通风时间。进入 4 月下旬以后，可加大通风，使棚温不高于 30℃。

（二）植株调整

1. 吊蔓

对半直立性品种，在植株有8片叶以上时要进行吊蔓与绑蔓。田间植株的生长往往高矮不一，要进行整蔓，扶弱抑强，使植株高矮一致，互不遮光。吊蔓、绑蔓时还要随时摘除主蔓上形成的侧芽。

2. 落蔓

瓜蔓高度较高时，随着下部果实的采收要及时落蔓，使植株及叶片分布均匀。落蔓时要摘除下部的老叶、黄叶。去老黄叶时，伤口要离主蔓远一些，防止病菌从伤口处侵染。

3. 保果

冬春季节气温低，传粉昆虫少，西葫芦无单性结实习性，常因授粉不良而造成落花或化瓜。因此，必须进行人工授粉或用防落素等激素处理才能保证坐瓜。方法是在上午9—10时，摘取当日开放的雄花，去掉花冠，在雌花柱头上轻轻涂抹。还可用防落素等溶液涂抹在刚开的雌花花柄上。

（三）肥水管理

定植后根据墒情浇1次缓苗水，促进缓苗。缓苗后到根瓜坐住前要控制浇水。当根瓜长达10厘米左右时浇1次水，并随水每亩冲施磷酸二铵20千克或氮磷钾复合肥25千克。深冬期间，15~20天浇1次水，浇水量不宜过大，并采取膜下沟灌或滴灌。每浇2次水可追1次肥，随水每亩冲施氮磷钾复合肥10~15千克，要选择晴天上午浇水，避免在阴雪天前浇水。浇水后在棚温上升到28℃时，开通风口排湿。如遇阴雪天或棚内湿度较大时，可用粉尘剂或烟雾剂防治病害。

2月中下旬以后，10~12天浇1次水，每次随水每亩追施氮、磷、钾复合肥15千克或腐熟人粪尿、鸡粪300千克。植株生长后期叶面可喷洒光合微肥、叶面宝等。

（四）二氧化碳施肥

冬春季节因温度低，通风少，若有机肥施用不足，易发生二氧化碳亏缺，可进行二氧化碳施肥以满足光合作用的需要。

五、病虫害防治

应从整个生态系统出发，综合运用农业、物理、生物、生态等防治措施，创造有利于作物生长和不利于病虫害发生的环境条件，保持农业生态系统的平衡和生物多样性。

（一）农业防治

采取选用抗（耐）病虫、优质、高产良种；培育适龄壮苗，提高抗逆性；与非葫芦科作物进行 3 年以上的轮作；清洁温室；测土平衡施肥等农艺措施。

（二）物理防治

采用栽前高温闷棚，晒种、温烫浸种，全生产期内防虫网隔离栽培，覆盖银灰色地膜或挂银灰色塑料条驱避蚜虫，挂黄板粘除蚜虫、潜叶蝇和白粉虱等物理措施。

（三）生物防治

利用害虫天敌防治害虫，如在温室内释放丽蚜小蜂防治白粉虱；利用生物农药，如井冈霉素、农用链霉素、浏阳霉素等防治西葫芦病虫害。

（四）化学防治

以上措施不能控制病虫害时，可以使用农药。

1. 白粉病

发病初期喷施 20%三唑酮乳油 2 000 倍液，或 60%多菌灵盐酸盐 1 000 倍液，或 6%氯苯嘧啶醇可湿性粉剂 1 000~1 500 倍液，或 12. 5%烯唑醇可湿性粉剂 2 500 倍液，或 43%戊唑醇水剂

3 000 倍液，或 70%丙森锌可湿性粉剂 500~600 倍液，或 25%丙环唑水剂 5 000 倍液，或 15%三唑酮可湿性粉剂 800 倍液，或 40%腈菌唑可湿性粉剂 1 000 倍液，或 10%苯醚甲环唑水分散粒剂 6 000~7 000 倍液，对上述杀菌剂产生耐药性的地区，可选用 40%氟硅唑 8 000~10 000 倍液，隔 20 天左右喷施 1 次，防治 1 次后，再改用常用杀菌剂。

2. 蔓枯病

苗床用 50%多菌灵可湿性粉剂 8 克/米^2 进行床土消毒。用 50%的多菌灵可湿性粉剂 1 000 倍液浸种 35 分钟，也可用占种子重 0.15%的 50%多菌灵可湿性粉剂拌种。发病初期喷 75%百菌清可湿性粉剂 600 倍液，或 40%三乙膦酸铝可湿性粉剂 500 倍液，或 70%丙森锌可湿性粉剂 500~800 倍液，或 50%福美双可湿性粉剂 500~800 倍液，或 43%戊唑醇水剂 3 000 倍液，或 64%噁霜·锰锌可湿性粉剂 600~800 倍液。

3. 灰霉病

发病时可喷施 25%咪鲜胺乳油 1 000 倍液，或 40%嘧霉胺悬浮剂 1 000~ 1 500 倍液，或 65.5%霜霉威盐酸盐水剂 600~1 000 倍液，或 65%甲霜灵可湿性粉剂 800~1 000 倍液，或 50%多菌灵可湿性粉剂 500~800 倍液，或 50%异菌脲可湿性粉剂 1 000~1 500 倍液，或 50%苯菌灵可湿性粉剂 1 500 倍液，或 20%甲基立枯磷乳油 1 000 倍液。

4. 白粉虱

由于白粉虱世代重叠，在同一时间同一作物上存在各种虫态，必须连续用药。10%噻嗪酮乳油 1 000 倍液、25%灭螨猛乳油 1 000 倍液、2.5%联苯菊酯乳油 3 000 倍液，连续施用，对白粉虱成虫、卵和若虫均有较好防治效果。

5. 潜叶蝇

产卵盛期和孵化初期是化学防治适期，应及时喷药。可采用

90%敌百虫可溶粉剂，或25%亚胺硫磷乳油1 000倍液等。

6. 红蜘蛛

可用73%炔螨特乳油2 000倍液，或25%灭螨猛可湿性粉剂1 000倍液，每7~10天喷1次。重点喷嫩叶背面及茎端，连喷3次。要抓好冬季温室防治。

六、适期采收

西葫芦以食用嫩瓜为主，开花后10~12天，根瓜达到250克采收，采收过晚会影响第二瓜的生长，有时还会造成化瓜。长势旺的植株适当多留瓜、留大瓜，徒长的植株适当晚采收；长势弱的植株应少留瓜、早采瓜。采摘时要注意不要损伤主蔓，瓜柄尽量留在主蔓上。

第七节　日光温室菜豆生产技术

一、栽培季节

一般9月下旬至10月上旬播种，11月下旬开始收获，采收期5~6个月。

二、品种选择

选择耐低温、耐弱光，结荚节位低，高产、优质、抗病、商品性好的品种。

三、播种育苗

（一）育苗设施

选用日光温室、大棚、阳畦、温床等设施育苗，应配有防虫、防雨、遮阳设施。一般采用穴盘育苗，可选用菜豆育苗专用商品基质。

（二）用种量

每亩栽培面积的用种量为2.5~3.0千克。

（三）种子处理

1. 精选种子

选择有光泽、籽粒饱满、无病虫、无破损、无霉变的种子，播种前晒种1~2天，以提高发芽整齐度和发芽势。

2. 浸种催芽

将选好的种子放入55℃的温水中，不断搅拌，保持15分钟后，浸泡1~2小时，然后捞出进行催芽。催芽采用湿土，即将育苗盒底先铺一层薄膜，在上面撒5~6厘米厚的细土，用水淋湿，将种子均匀地播在细土上，再覆盖1~2厘米细土，然后盖一层薄膜保温保湿。在20~25℃条件下，约3天可出芽。

（四）播种

芽长1厘米左右时播种，每穴播2~3粒发芽的种子，播后盖湿润细土2厘米。播种后苗床覆盖塑料薄膜。

（五）苗期管理

1. 温度

播种后应保持25℃左右的温度，出苗后降到白天20~23℃，夜间13~15℃。第一片真叶展开至定植前7~10天，白天温度保持在20~25℃，夜间15~18℃。定植前7天，白天温度降至20℃左右，夜间10℃左右，并控制浇水。

2. 水分

苗期一般不浇水，可视墒情在幼苗出土后浇1次齐苗水，以后适当控制浇水。

3. 炼苗

育苗移栽的菜豆，在定植前5天降温、通风、控水炼苗。

4. 壮苗标准

子叶完好，茎粗壮，无病虫害和机械损伤。具一对基生叶和一个展开复叶，株高 15~20 厘米，叶色绿。

四、整地、施肥、作畦

定植前施足基肥，一般每亩施用腐熟的有机肥 4~5 立方米，配合施用氮磷钾三元复合肥（15-15-15）35~50 千克。将肥料撒匀，深翻 25 厘米，耙细整平后南北向起垄，大行距 70~75 厘米，小行距 50~55 厘米，垄高 20 厘米。起垄后温室扣薄膜，高温闷棚 5~7 天。

五、定植

选晴天栽植。穴距 30 厘米，每穴栽双株，每亩栽植 6 800~7 400株。开沟浇水稳苗栽植，或采用开穴点浇水栽植。

六、定植后管理

（一）抽蔓

前期定植缓苗后，适当控制浇水，并进行中耕，控制茎叶生长，促进根系生长。为促进菜豆花芽分化，白天保持棚内气温 20~25℃，夜间 12~15℃。白天气温超过 28℃时及时放风。

（二）抽蔓期

抽蔓期追施 1 次速效氮素化肥，每亩追施磷酸二铵 10~15 千克，追肥后浇 1 次水，并配合进行中耕。接近开花时要控制浇水。为防止菜豆茎蔓互相缠绕和倒伏，要及时吊蔓。

（三）开花结荚期

前期维持白天棚内气温 20~27℃，夜间 15~18℃，草苫早揭晚盖，尽量使植株多见光，延长见光时间。接近开花时应控制浇水，做到浇荚不浇花。结荚后开始浇水，保持土壤湿润。当嫩荚坐住后，结合浇攻荚水，每亩开浅沟施氮磷钾三元复合肥（15-15-15）35~40千克，适当培土扶垄后覆盖地膜。

每采收1~2次，追施1次速效肥，每亩可追施磷酸二铵或氮磷钾三元复合肥（15-15-15）20千克，追肥后随即浇水。深冬季节，草苫适当晚揭早盖。室内湿度大时，可于晴天揭苫后随即放风30~40分钟。连续阴天时，可晚揭苫、早盖苫。大雪天，在清理积雪后午前揭苫，午后早盖苫。室内温度达30℃时开始放风，25℃时关通风口。

结荚后期，植株进入衰老时期，要及时摘除病、老、枯、残叶片，以改善通风透光条件。

七、病虫害防治

（一）主要病虫害

主要病虫害有锈病、白粉病、炭疽病、蚜虫、美洲斑潜蝇、豆荚螟。

（二）农业防治

选用抗病性、适应性强的优良品种；实行3年以上的轮作；勤除杂草；收获后及时清洁田园；培育壮苗，合理浇水，增施充分腐熟的有机肥，提高植株抗性。

（三）物理防治

温室内悬挂黄色粘虫板诱杀粉虱、蚜虫、斑潜蝇等害虫，每亩悬挂20厘米×30厘米的黄板30~40块，悬挂高度与植株顶部持平或高出5~10厘米。

（四）生物防治

保护天敌，创造有利于天敌生存的环境条件，选择对天敌杀伤力低的农药；释放天敌，如瓢虫、寄生蜂等。另外，可利用生物制剂防治病虫害，如每亩用300亿PIB/克甜菜夜蛾核型多角体病毒水分散粒剂2~5克防治甜菜夜蛾等。

（五）化学防治

1. 锈病

在发病初期，每亩用12%苯甲·氟酰胺悬浮剂40~67毫升，或10%苯醚甲环唑水分散粒剂50~83克喷雾防治。

2. 白粉病

发病初期，每亩可用400克/升氟硅唑乳油7.5~10.0克喷雾防治。

3. 炭疽病

每亩可用75%百菌清可湿性粉剂113~206克喷雾防治。

4. 蚜虫

可用20%哒嗪硫磷乳油500~1 000倍液，或每亩用20%氰戊菊酯乳油20~40克喷雾防治。

5. 美洲斑潜蝇

每亩可用80%灭蝇胺可湿性粉剂15~22克，或5%阿维菌素微乳剂10.8~16.2毫升喷雾防治。

6. 豆荚螟

每亩可用50克/升虱螨脲乳油40~50毫升喷雾防治，安全间隔期为7天，一个生长季节最多喷3次。重点部位是花蕾、花朵和嫩荚。

八、适期采收

果荚达到商品要求时，种子尚未明显膨大为采收适期，一般从开花到采收需15天左右，在结荚盛期，每2~3天可采收1次。采摘时注意防止损伤幼荚。

第八节　秋大白菜生产技术

大白菜起源于中国。秋大白菜是我国淮河以北特别是东北、华北地区冬贮食用的主要大宗蔬菜品种，贮藏量大、范围广、食用期长，因此，种好秋大白菜，对这一地区的冬季市场蔬菜的供应尤为重要。

一、品种选择

秋大白菜栽培一般选用抗病、结球性好、耐贮藏、生育期85~110天的中晚熟品种，如北京新1号、北京新2号、北京新3号、北京新4号、北京新5号、山东4号、青杂5号、鲁白1号、太原二号、小狮子头、中狮子头、天津青麻叶等品种。

二、整地施肥

（一）整地

种大白菜的地块，最好在前一年秋作收获后进行深翻，并大量施用农家肥，利用冬季冻垡，改善土壤物理性状，以培养地力。春茬作物收获之后是否耕地，要看时间早晚灵活处理。如果春作物能较早收获完毕，如西葫芦、大蒜、甘蓝和小麦，在大白菜播前1个多月就已收获完毕，则可以在收后立即耕翻一次，其深度为20厘米左右。如果春茬是番茄、黄瓜、菜豆等作物，拉秧腾地较晚，离大白菜播种仅仅几天，此时切勿深耕，以免大雨后土壤蓄水过多，反而耽误时机。极个别拉秧较晚的作物，因为时间紧张，也可直接起垄播种，这要灵活机动地掌握。

大白菜播种前，平整土地也很重要，如果地面高低不平，浇水不匀，植株就不能生长一致。高处浇不上水，苗期就会引起病毒病，同时也会因浇水不足而不发棵，造成结球不好；低处因为经常积水，苗子就会生长缓慢，而且还会在结球期引起软腐病和黑腐病等病害发生。所以，平整土地是很重要的。

（二）施基肥

大白菜生长期长，生长量大，需要大量肥效长而且能加强土壤保肥力的农家肥料。速效肥不要只施用氮肥，在大量施用含氮肥料的同时，应注意施入磷、钾肥料，一般每亩施过磷酸钙 25~30 千克、草木灰 100 千克。基肥施入后，结合耕耙使基肥与土壤混合均匀。

（三）作畦

土地平整后即可作畦，要根据当地土壤的具体条件来决定畦型，推荐使用高畦（垄）栽培。高畦灌溉方便，行间通风透光好，能减轻大白菜霜霉病和软腐病的发生。北方地区一般畦面高 10~15 厘米、畦面宽 60~80 厘米。畦面过高、过宽，浇水时不易渗到畦中心，造成畦内干旱；也可进行垄作，垄高 10~15 厘米，一般每垄种 1 行。

三、合理密植

大白菜的产量由单株重量和群体数量两个因素所决定，合理密植是大白菜增产的重要技术措施。参考密度为：直筒形及小型卵圆形和平头形品种，行距 55~60 厘米、株距 45~55 厘米；大型的卵圆形和平头形品种，行距 65~80 厘米、株距 60~70 厘米。每亩用种量条播为 125~200 克，穴播为 100~125 克。

四、种植方式

（一）直播

直播有条播和穴播两种方式。条播是按预定的行距，开出深约1厘米的浅沟，浇透水分待水渗入土后，将种子均匀撒在沟内，然后覆土。有的地区因土质较软，天气干旱，播后还要镇压。穴播是按预定的行株距开长10~15厘米、深1厘米的浅穴，浇足水后每个小穴内播种10余粒，然后覆土。一般每亩条播用种100~150克，穴播用种50~100克。

（二）育苗移栽

育苗移栽是大白菜栽培的另一种主要方式。采用这种方式，可以更合理地安排茬口，既延长大白菜前作的收获期，又不延误大白菜的生长。利用少量育苗地提前育苗，大大提高了土地利用率。同时，集中育苗也便于苗期管理，合理安排劳动力，还可节约用种量。但是，育苗移栽比较费工，栽苗后又需要有缓苗期，这就耽误了植株的生长，而且移栽时根部容易受伤，会导致苗期软腐病的发生。

育苗移栽首先要选择地势较高、排水良好、土壤肥沃，前茬没有种过十字花科蔬菜的地块作育苗床。育苗地应及早深翻晒垡，使土壤充分日晒和风化。育苗时要做成平畦，畦宽1~1.5米，长10米。每畦内要撒入腐熟的优质农家肥150千克，掺入硫酸铵及过磷酸钙各0.5千克，然后将畦土翻两遍，使土肥混匀。

育苗畦播种，多采用撒播方式，把种子均匀地撒在整平的畦面上，然后覆土1~2厘米，并刮平覆盖的细土。

出苗后应立即间苗，以防徒长。由于育苗移栽需有一个缓苗过程，所以育苗畦的播种时间应比直播早3~4天。最好用营养钵育苗，移栽成活率高。

移栽苗不宜过大，苗子过大不易成活。根据移栽的早晚，可分为小苗移栽和大苗移栽两种方式。

小苗移栽：即在幼苗出土后不进行间苗，当具2~3真叶时，以3~4株为一丛进行移栽。移栽起苗时要挖土坨，然后按预定的株距移栽到生产田里。移栽深度应与原来的土坨高低相一致。移栽时由于菜苗小，天气热，故应边移栽，边浇水，栽完一块地后立即浇水，以保证菜苗成活。

大苗移栽：是在大白菜苗具有5~6片叶时进行单株移栽。移栽前一天，应先给育苗畦内苗浇足水，第二天起苗。挖苗时，每株菜苗要带6~7厘米的土坨，以减少根部损伤。定植时先用铲子在定植畦内按规定株距挖穴，然后把菜苗栽在穴内，随即覆土封穴。

栽苗选择下午或阴天时进行，栽苗后缓苗前遇强日照，应进行遮阴。栽后应立即浇足水，隔天再浇1水，以利于缓苗。待土壤见干时即可中耕松土。菜苗恢复生长后的管理方法与直播大白菜相同。

五、田间管理

（一）间苗、补苗、定苗

为防止幼苗拥挤徒长，直播田块要及时间苗。一般要2~3次，分别在拉十字、2~3片中生叶、5~6片中生叶时进行。当幼苗生长到20~26天后，达到团棵阶段时，即按预定株距定苗。株距依品种、水肥条件而定，一般中型品种株距50厘米左右，大型品种株距60厘米左右。发现缺株要及时补苗。补苗最好趁浇水或下雨时，取多余的苗补栽。大白菜一般不补播，因补播延迟了幼苗生长期。间苗和定苗时，应选留生长健壮、具有本品种特征的幼苗，并及早拔除病苗和多余苗。

（二）中耕、培土、除草

要结合间苗进行中耕3次，分别在第二次间苗后、定苗后和莲座中期进行。中耕按照“头锄浅、二锄深、三锄不伤根”的原则进行。凡高垄栽培的还要遵循“深榜沟、浅榜背”的原则，结合中耕进行除草培土。培土就是将锄松的沟土培于垄侧和垄面，以利于保护根系，并使沟路畅通，便于排灌。

（三）水肥管理

1. 发芽期水肥管理

水是种子萌发不可缺少的条件之一。大白菜种子发芽时正处于高温阶段，易旱也易涝，因此，要注意防止芽干现象，尤其是旱年，为了满足种子出土和降温需要，要注意浇水，秋冬大白菜在播种当天 1 水，顶土时 1 水，出齐苗时 1 水。做到三水齐苗。倘若播后就遇到阴雨天，可以少浇或不浇。

2. 幼苗期水肥管理

幼苗期生长量不大，相对来说对水肥需要量比较少。由于大白菜幼苗期根系分布浅，基肥肥效发挥慢，幼根尚不能及时利用，因此应结合浇水，追施提苗肥，肥量为每亩追施硫酸铵 7.5 千克，或其他肥料。另外，对一些弱小的幼苗，还应偏施一些化肥，促使它赶上大苗。化肥最好不施于土表，而应挖沟埋施，以增加肥效。化肥应施在距根 5 厘米远的地方，以免伤根。施肥后，应立即浇水。

3. 莲座期水肥管理

莲座期是大白菜根系大量发生和叶片生长骤增的时期，也是形成硕大叶球的基础时期，因此也是需要水肥较多的时期。此时，又是霜霉病流行时期。霜霉病的发生需要适当的温度和适当的湿度两个条件。露地的温度虽无法控制，但湿度可通过控制浇水来解决。

未封垄前继续中耕除草，但不宜过深，不伤叶片，封垄后不需中耕。

田间有少数开始团棵时应及时施用“发棵肥”，可追施粪肥，每亩 1 500~2 000 千克，也可施用磷酸二铵，每亩 10~15 千克，并配合适量钾肥。使三要素平衡以防叶子徒长。可在植株旁开沟施入，如果是移栽白菜可将肥料施在沟或穴中。同时，可叶面喷施一次 0.2%的硼酸和 0.3%硝酸钙，提高产量和品质。

莲座期浇水要适当节制，做到土壤“见干见湿”。莲座中期可浇 1 次大水，然后深中耕 1 次（第三次中耕），再控水蹲苗 10~15 天。最好采用大小行或高畦栽培，以防止霜霉病和软腐病的发生。

4. 结球期水肥管理

结球期是大白菜产品形成的时期，需要大量的肥料和水分，结球期水肥管理，重点在结球前期和中期，即“抽筒肥”和“灌心肥”，这两次都要用速性肥料，并须提前施入。

在开始包心前 5~6 天大追肥 1 次，每亩施磷酸二铵 15~25 千克、过磷酸钙及硫酸钾各 10~15 千克。同时，叶面喷施钙肥和硼肥 1 次。

中晚熟品种结球期长补施 1 次抽筒肥，每亩磷酸二铵 10~15 千克，结合灌水施肥；抽筒后进入结球中期，根据情况可补施 1 次灌心肥。

结球期需大量浇水，5~6 天浇 1 次，始终保持土壤湿润，水分要均匀，避免发生球裂。收获前 10 天停止灌水，以免叶球因含水过多而不耐贮藏。

秋大白菜生长时间长，可分别在幼苗期和结球期叶面喷洒芸苔素内酯，可以显著增产。

六、病虫害防治

（一）防治原则

按照“预防为主、综合防治”的方针。优先采用农业防治、物理防治、生物防治，配合使用化学农药防治。

（二）农业防治

实行轮作倒茬，清洁田园，降低病虫源基数。选用抗病优良品种，播前种子应进行消毒处理。

（三）物理防治

每亩放置 20~30 块黄板诱杀蚜虫，也可张挂银灰色或乳白色反光膜避蚜。有条件者应利用防虫网预防害虫。

（四）生物防治

应创造有利于天敌生存的环境，释放捕食螨、寄生蜂等天敌捕杀害虫。或采用银纹夜蛾病毒、甜菜夜蛾病毒、小菜蛾病毒及白僵菌、苏云金杆菌等制剂防治鳞翅目害虫，或用性诱剂诱杀鳞翅目成虫。

（五）化学防治

1. 病毒病

采用 20%吗胍·乙酸铜可湿性粉剂 600 倍液，或 1.5%烷醇·硫酸铜乳油 1 000~1 500 倍液喷雾防治。

2. 软腐病

结球期采用氢氧化铜 3 000 倍液喷雾防治。

3. 霜霉病

莲座期采用 25%甲霜灵可湿性粉剂 300~400 倍液，或 69%烯酰·锰锌可湿性粉剂 500~600 倍液，或 69%霜脲·锰锌可湿性粉剂 600~750 倍液，或 75%百菌清可湿性粉剂 500 倍液喷雾防治。

4. 炭疽病、黑斑病

苗期炭疽病或莲座期黑斑病，采用 69%烯酰·锰锌可湿性粉剂 500~600 倍液，或 80%福·福锌可湿性粉剂 800 倍液喷雾防治。

5. 菜青虫、小菜蛾、甜菜夜蛾

采用5%氟虫脲1 500倍液，或采用阿维菌素乳油，或25%灭幼脲悬浮剂1 000倍液，或每亩用20%虫酰肼悬浮剂200~300克/公顷喷雾防治。晴天时傍晚用药，阴天则可全天用药。

6. 菜蚜

采用10%吡虫啉1 500倍液，或50%抗蚜威可湿性粉剂2 000~3 000倍液喷雾防治。

七、捆菜与收获

中晚熟品种结球后期，为避免叶球遭受霜冻危害，需进行捆菜（束叶）。具体做法是：将外叶扶起抱住叶球，然后用麦秆或稻草捆扎。捆菜时间在轻霜过后进行。

大白菜成熟后及时进行收获。华北地区11月上旬收获，注意收听当地天气预报，以防寒流侵袭造成损失。

第四章 畜禽养殖实用技术

第一节 牛养殖技术

一、初生犊牛的饲养管理

犊牛生后至7~8天为初生期，刚进入犊牛栏的初生犊，首先要称重、编号、记载性别、父母牛号等。犊牛生后半小时就要喂初乳，一般要喂5~7天。这一点非常重要，初乳含有24%的干物质、6%的免疫球蛋白，这是第一次挤出初乳的含量，第二次免疫球蛋白就变为4.2%，第三次为2.4%，第四次为0.2%，所以第一天初乳的球蛋白含量最多，球蛋白的吸收效率平均为20%，产后2~3小时最高为50%，生后24小时就会失去吸收力。初乳的质量好坏不等，凡是稠的并带淡黄奶油色的为最好，稀白色的质量差。如果产前挤过奶或漏奶，初乳就不正常，失去了免疫能力，应找别的新生母牛喂初乳。如果干乳期短于20~30天，初乳免疫力也差。

从分娩到5~7天的乳叫初乳。初乳与常乳不同，它含有较多的干物质、矿物质，蛋白质是常乳的5~6倍，脂肪是常乳的3倍，维生素A和维生素D比常乳多几倍；但初乳中的乳糖较常乳少，能够避免消化道发酵，易被犊牛消化吸收。初乳营养丰富，具有特殊的生物学特性，是新生犊牛不可缺少的食品，所以犊牛生后第一次喂初乳很重要，应尽早让犊牛吃到初乳。初乳的第一次喂量，尽量给足，一般可按初生重的1/10～1/6计算，以后每天增加0.5～1.0千克，到第五天可喂到7～9千克，每天分2～3次喂。乳必须干净，母牛乳房、乳头必须洗净。奶温以35℃为宜，到冬季喂初乳时，温度已下降的初乳应隔水加热到35～38℃再喂，防止因乳温过低而引起犊牛的胃肠疾病。没有初乳时可用人工初乳代替，配方为鸡蛋2～3个，食盐9～10克，新鲜鱼肝油15克，0.5～1.0千克鲜奶，充分混匀，加温至38℃后饲喂犊牛。

二、育成母牛的饲养管理

（一）育成牛的生长

育成牛是指7月龄至配种前（一般为14～16月龄）的牛。育成牛分为大育成牛（13～17月龄）和小育成牛（7～12月龄）。

7～12月龄是母牛达到生理上最高生长速度的时期，此期是性成熟时期，性器官和第二性征发育很快，体躯向高、向长急剧生长，前胃相应发达，容积扩大1倍左右，因此在饲料供给上应满足其快速生长的需要，避免生长发育受阻，以致影响其终生产奶潜力的发挥。

13月龄至初配受胎时期的育成母牛消化器官已基本成熟，此阶段育成母牛没有妊娠和产奶负担，利用粗饲料的能力大大提高。因此，只提供优质青、粗饲料基本能满足其营养需要，少量补饲精饲料。

（二）育成母牛的管理

1. 分群

在育成时期，不论采取拴系饲养或散栏饲养，母牛都要分群管理。一般把12月龄内分一群，13月龄以上到配种前分成一群。以40~50头组成一群，每群牛月龄差异不超过3个月。

2. 运动和刷拭

舍饲时，平均每头牛占用运动场的面积应在15平方米左右，每天运动不少于2小时。育成母牛一般采用散养，除恶劣天气外，可终日在运动场自由活动。同时，在运动场设食槽和水槽，供母牛自由采食青粗饲料和饮水。保持每天刷拭1~2次，每次不少于5分钟。

3. 修蹄

育成母牛生长速度快，蹄质较软，易磨损。因此，从10月龄开始，每年春、秋季节应各修蹄1次，以保证牛蹄的健康。

4. 乳房按摩

乳房按摩可促进乳腺的发育和产后泌乳量的提高。育成母牛在12月龄以后即可每天进行一次乳房按摩。按摩时，用热毛巾轻轻揉擦，避免用力过猛。

5. 称重和测定体尺

育成母牛应每月称重，并测量12月龄、16月龄的体尺，详细记入档案，作为评判育成母牛生长发育状况的依据。一旦发现异常，应尽早查明原因，及时调整日粮结构，以确保17月龄前达到参配体重。

6. 适时配种

育成母牛的适宜配种年龄应依据发育情况而定。中国荷斯坦牛的理想配种体重为350~400千克（成年体重的70%左右），体高122~126厘米，胸围148~152厘米。娟姗牛理想配种体重为260~270千克。对超过14月龄未见初情的后备母牛，必须进行产科检查和营养学分析。

三、繁殖母牛的饲养管理

（一）初孕牛的饲养管理

初孕牛是指从初配受胎到初次产犊前的母牛。

1. 做好保胎

确诊妊娠后，要特别注意母牛的安全，重点做好保胎工作，预防流产或早产。防止驱赶运动，防止牛跑、跳、相互顶撞和在湿滑的路面行走，以免造成机械性流产。对于配种后又出现发情的母牛，应仔细进行检查，以确定是否是假发情，防止误配导致流产。防止母牛吃发霉变质的食物，避免长时间雨淋等。

2. 乳房按摩

从开始配种起，每天上槽后按摩乳房 1～2 分钟，促进乳房的生长发育。妊娠后期初产母牛的乳腺组织处于快速发育阶段，应增加每天乳房按摩的次数，一般为每天 2 次、每次 5 分钟，直到该牛乳房开始出现妊娠生理水肿为止（一般为产前 15 天）。但这个时期切忌擦拭乳头，以免擦去乳头周围的蜡状保护物，引起乳头龟裂，或因擦掉“乳头塞”而使病原菌从乳头孔侵入，导致乳房炎和产后乳头坏死。

3. 运动

每日运动 1～2 小时，可防止难产，保持牛的体质健康。但应避免驱赶运动，防止流产。有放牧条件的也可进行放牧，但要比育成牛的放牧时间短。

4. 刷拭

每天刷拭 1～2 次，每次不少于 5 分钟，可培养其温顺的习性。

5. 保持卫生，做好接产准备

保持圈舍、产房干燥、清洁，严格执行消毒程序。分娩前 2

个月的初孕牛，应转入成年牛舍与干乳牛一样进行饲养。临产前2周，应转入产房饲养，产房要预先做好消毒。预产期前2~3天再次对产房进行清理消毒。初产母牛难产率较高，要提前准备齐全助产器械，洗净消毒，做好助产和接产准备。

6. 保证饮水

供给足够的饮水，最好设置自动饮水装置，防止母牛饮冰冻的水。

7. 计算好预产期

在产前30天，应将妊娠的青年牛移至一个清洁、干燥围产群饲养，存栏较多的牛场，可单独组群饲养围产期青年牛，以适应产后高精料日粮。

8. 控制好体况

青年母牛产犊时，体况评分不宜超过3.5分。

（二）围产期的饲养管理

围产期指的是奶牛临产前15天到产后15天这段时期。

1. 围产前期的饲养管理

围产前期是指母牛临产前15天。

预产期前15天母牛应转入产房，进行产前检查，随时注意观察临产征候的出现，有产犊症状应做好接产准备。有产犊症状是指奶牛露胎膜或破羊水。产房必须有水、有料、干净、干燥、舒适且有专人看管接产。临产前2~3天日粮中适量加入麦麸以增加饲料的轻泻性，防止便秘。日粮中适当补充维生素A、维生素D、维生素E和微量元素。母牛临产前一周会发生乳房膨胀、水肿，如果情况严重应减少糟粕料的供给。

2. 围产后期的饲养管理

围产后期是指母牛产后15天这段时间。奶牛分娩体力消耗极大，分娩后应与犊牛马上分开，安静休息。分娩后的母牛应先灌服营养补液或饮温麦麸红糖水 20 升（麦麸 1 000 克、红糖 500 克、盐 200 克，温水 20 升，水温 40℃），再给予优质干草让其自由采食。

加强母牛的产后监护，尤应注意胎衣的排出与否及完整程度，以便及时处理。促进胎衣排出，可直接注射缩宫素。胎儿产出 5~6 小时胎衣应该排出，应仔细观察完整情况，如胎儿产后 12 小时胎衣尚未排出则应由兽医处理，胎衣排出后，应马上清除，防止被奶牛吞食。

（三）泌乳期的饲养管理

1. 泌乳早期的饲养管理

泌乳早期（泌乳期的前 100 天），奶牛开产后产奶量迅速上升，营养需要量高，要采用高蛋白质含量、低纤维素浓度的日粮。

产后第一天按产前日粮饲喂，第二天开始每日每头牛增加 0.5~1.0 千克精料，只要产奶量继续上升，精料给量就继续增加，直到产奶量不再上升为止。

2. 泌乳中期的饲养管理

母牛产后 101~200 天称为泌乳中期。本期管理的核心任务是最大限度地增加奶牛采食量，促进奶牛体况恢复，减缓泌乳量下降速度。其管理工作重点：一是每月产奶量下降的幅度控制在 5%~7%；二是奶牛自产犊后 8~10 周应开始增重，日增重幅度在 0.25~0.5 千克；三是饲料供应上，应根据产奶量、体况，定量供给精料，粗饲料的供应则为自由采食；四是充足的饮水和加强运动，并保证正确的挤奶方法及进行正常的乳房按摩。

3. 泌乳后期的饲养管理

奶牛产后 201 天至干奶之前的这段时间称为泌乳后期。泌乳后期的管理应以恢复牛只体况为主，加强管理，注意保胎，防止流产。做好停奶准备工作，为下胎泌乳打好基础。此期的奶牛一般都处于妊娠期，奶牛由于受胎盘激素和黄体激素的作用，产奶量开始大幅度下降，每月递减 8%～12%。在饲养管理上，除了要考虑泌乳外，还应考虑妊娠。对于头胎牛，还要考虑生长因素。因此，此期饲养管理的关键是减缓泌乳量下降的速度。同时，使奶牛在泌乳期结束时恢复到一定的膘情，并保证胎牛的健康发育。

（四）干奶期母牛的饲养管理

干奶是指在奶牛妊娠的最后 60 天左右采用人工的方法使其停止泌乳，停乳的这一段时间称为干奶期。干奶期可划分为干奶前期和干奶后期。从停乳至产犊前 15 天为干奶前期，产犊前 15 天至产犊为干奶后期。干奶后期又称为围产前期。

1. 干奶前期的饲养

干奶前期指从干奶之日起至泌乳活动完全停止、乳房恢复正常为止。此期的饲养目标是尽早使母牛停止泌乳活动，乳房恢复正常，饲养原则为在满足母牛营养需要的前提下不用青绿多汁饲料和副料（啤酒糟、豆腐渣等），而以粗饲料为主，搭配一定的精料。

2. 干奶后期的饲养

干奶后期是从母牛泌乳活动完全停止、乳房恢复正常开始到分娩。饲养原则为母牛应有适当增重，使其在分娩前体况达到中等程度。日粮仍以粗饲料为主，搭配一定的精料，精料给量视母牛体况而定，体瘦者多些，胖者少些。在分娩前 6 周开始增加精料给量，体况差的牛早些，体况好的牛晚些，每头牛每周酌情增加精料 0.5～1.0 千克，视母牛体况、食欲而定，其原则为使母牛日增重在 500～600 克之间，全干奶期增重 30～36 千克。

3. 干奶期的管理

加强户外运动以防止肢蹄病和难产，并可促进维生素 D 的合成以防止产后瘫痪的发生。避免剧烈运动以防止机械性流产。冬季饮水水温应在10℃以上，不饮冰冻的水，不喂腐败发霉变质的饲料，以防止流产。母牛妊娠期皮肤代谢旺盛，易生皮垢，因而要加强刷拭，促进血液循环。加强干奶牛舍及运动场的环境卫生管理，有利于防止乳房炎的发生。

四、育肥牛的饲养管理

育肥牛即肉用牛，是一类以生产牛肉为主的牛。肉牛的特点是体躯丰满、增重快、饲料利用率高、产肉性能好，肉质口感好。

（一）育肥方法

1. 强度育肥

这是当前发达国家肉牛育肥的主要方式。

强度育肥，也称持续育肥，是指犊牛断奶后直接进入育肥期，直到出栏（12~18月龄，体重400~500千克）。强度育肥分异地育肥和就地育肥两种方式。异地育肥是指犊牛断奶后由专门化肉牛育肥场收购集中育肥。就地育肥是指犊牛断奶后在本场直接育肥。

这种方式充分利用了幼牛生长快的特点，饲料转化效率高，肉质好，可提供优质高档分割牛肉，是发达国家肉牛育肥的主要方式。随着我国高档牛肉消费市场的扩大，这种育肥方式也会在我国逐步得到推广。育肥过程中，给予肉牛足够的营养，精料所占比重通常为体重的1%~1.5%；生长速度尽可能地快，平均日增重1千克以上；生产周期短，出栏年龄在1.0~1.5岁，一般不超过2岁；总的育肥效率高。

2. 架子牛育肥

这是当前我国肉牛育肥的主要方式。

架子牛是指没有经过育肥或经过育肥但尚未达到屠宰体况（包括重量、肥度等）的牛。这些牛通常从草场（农户）被选购到育肥场进行育肥。

架子牛按照年龄分类，分为犊牛、1 岁牛和 2 岁牛。年龄在 1 岁之内，称为犊牛；1 岁至 2 岁的牛称 1 岁牛；2 岁至 3 岁的牛称为 2 岁牛。3 岁及 3 岁以上的牛，统称为成年牛，很少用作架子牛。

架子牛的育肥原理是利用肉牛的补偿生长特性。吊架子期，主要是各器官的生长发育和长骨架，不要求有过高的增重；在屠宰前 3~6 个月，给予较高营养，进行后期集中育肥，然后屠宰上市。这种方式，虽然拉长了饲养期，但可充分利用牧场放牧资源，节约精料。

3. 成年牛育肥

成年牛育肥，主要是淘汰奶牛、繁殖母牛的育肥。这类牛一般体况不佳，不经育肥直接屠宰时产肉率低，肉质差；经短期集中育肥，不仅可提高屠宰率、产肉量，而且可以改善肉的品质和风味。

由于成年牛已基本停止生长发育，故其育肥主要是恢复肌肉组织的重量和体积，并在其间沉积脂肪，到满膘时就不会再增重，故其育肥期不宜过长，一般控制在 3 个月左右。

虽然成年牛的肉的质量远逊于年轻牛的肉的质量，但因为当前我国牛肉市场尚不健全，“以质论价”体系还不完善，“品种不分、年龄不分、性别不分、部位不分”现象明显，成年牛肉甚至老残牛肉市场价格并不低，所以效益相对可观。又因其育肥周期短，资金周转快，所以很多人对成年牛育肥情有独钟。但从发展的趋势看，利用年轻牛进行专门化高档牛肉生产，才是肉牛育肥的主要方式。

（二）育肥牛的管理

1. 饲喂时间

黎明和黄昏前后是牛每天采食最紧张的时刻，尤其在黄昏采食频率最大，因此，无论是舍饲还是放牧，早晚两头是喂牛的最佳时间。多数牛的反刍是在夜间进行，特别是天刚黑时，反刍活动最为活跃，所以在夜间尽量减少干扰，以使其充分消化粗料。

2. 每天观察牛群，预防下痢

重点看牛的采食、饮水、粪尿、反刍、精神状态是否正常，发现异常立即处理。大量饲喂酸性大的饲料（如青贮饲料）时，易引起牛下痢，生产中应特别注意。

3. 经常刷拭牛体

饲养员要形成习惯，每天至少刷拭牛体一次。刷拭不仅可以保持牛体清洁，促进牛体表面血液循环，增强牛体代谢，有利于增重，还可以有效预防体外寄生虫病的发生。

刷拭牛体，应选择鬃刷与铁梳结合进行。当身体较为卫生时，可单独使用鬃刷刷拭，如果身体表面黏附牛粪、黏液等脏物时，需要使用铁挠子进行刮梳。刷拭时，以左手持铁梳，右手拿鬃刷，由颈部开始，由前到后，由上到下依次刷拭，即按颈→背腰→股→腹→乳房→头→四肢→尾的顺序进行。一般刷拭用鬃刷刷洗，刷拭不掉的污垢用铁梳刮梳。炎热夏季可适当水洗，其他季节一般不用水洗。皮肤表面较脏时，可先逆毛后顺毛刷洗。牛体刷拭一般在采食以后进行。

4. 限制运动

到育肥中、后期，每次喂完后，将牛拴系在短木桩或休息栏内，缰绳系短，长度以牛能卧下为宜，缰绳长度一般不超过 80 厘米，以减少牛的活动消耗。此期牛在运动场的目的主要是接受阳光和呼吸新鲜空气。

5. 定期称重

育肥期最好每月称重一次，以帮助了解育肥效果，并据此对育肥效果不理想或育肥完成的牛只及时做出处理。生产中牛只测重通常采用估测法进行。

6. 定期做好驱虫、防疫工作

(1) 驱虫。在育肥前7~10天进行驱虫。为提高饲料利用率，对即将育肥的牛群一次性彻底驱虫。驱虫可用以下任何一种药物：丙硫苯咪唑，片剂口服，每千克体重10~15毫克；左旋咪唑，口服或肌内注射，每千克体重7.5毫克；虫克星，口服或皮下注射，每千克体重0.2毫克；敌百虫，每千克体重20~40毫克，片剂口服，或配成1%~2%溶液局部涂擦或喷雾。

(2) 免疫、检疫。免疫主要针对口蹄疫，检疫主要针对布鲁菌病和结核病。这些工作什么时间进行，具体需要哪些疫病的免疫、检疫，由当地兽医主管部门结合购牛时的记录进行确定并执行。畜主在购牛后要及时告知当地兽医部门。

第二节 羊养殖技术

一、种公羊的饲养管理

(一) 种公羊的基本要求

应常年保持中上等膘情，活泼、健壮、精力充沛、性欲旺盛，精液品质良好，不宜过肥过瘦。

(二) 种公羊的饲养管理方法

种公羊的饲养可分为非配种期和配种期，配种期又可分为配种准备期、配种期和配后复壮期。

1. 非配种期

此期饲养要求是：保证足够的热能供应，并供给一定量的蛋白质、维生素和矿物质。

在冬春枯草季节，每天应补饲混合精料及各种缺乏的营养物质。种公羊冬春季节每天的放牧运动不少于6小时，夏季不少于12小时。

2. 配种期

配种期种公羊的饲养管理必须要认真，管理重点落实到每一个细节。制订严格的管理流程表，对于种公羊的采食、饮水、运动、粪便排泄等情况每天需要详细记录在案。种公羊饲养圈舍确保清洁卫生，制订严格的消毒流程。饲料确保营养全价，严禁使用霉变饲料。饮用水源，确保洁净卫生，减少饲料浪费和污染问题。饲喂青草或者是干草，必须要放置在草架上进行喂养。为搞好配种期种公羊的饲养管理，可细分为配种准备期、配种期和配后复壮期。

配种准备期是指配种前1~1.5个月，因为精子的生成，一般需要50天左右，营养物质的补充需要较长时间才能见效。所以在此时就应喂配种期日粮。配种期日粮富含能量、蛋白质、维生素和矿物质。混合精料喂量，可按配种期喂量的60%~70%给予，逐渐增加到正常喂量。

管理上应对种公羊进行调教（具体方法有：把公羊放入发情母羊群里；在别的公羊配种时在旁观摩；按摩睾丸，每日早晚各一次，每次10~15分钟；将发情母羊阴道分泌物抹在公羊鼻尖上刺激性欲等）。种公羊在配种前3周开始进行采精训练。第一周隔两日采精一次，第二周隔日采精一次，第三周每日采精一次，以提高公羊的性欲和精液品质，并注意检查精液品质，以确定各公羊的采精利用强度。

配种期为1.0~1.5个月，因为公羊一次射精需蛋白质25~27克，一般成年公羊每天采精2~3次，多者达5~6次，需消耗大量营养物质和体力，所以种公羊的饲料要多样化。

配后复壮期是指配种结束后的 1~1.5 个月，这时的种公羊以恢复体力和增膘复壮为目的。开始时，精料的喂量不减，增加放牧或运动时间，经过一段时间后再适量减少精料，逐渐过渡到非配种期的营养水平，使其迅速恢复体况。

二、繁殖母羊的饲养管理

繁殖母羊在一年中可分为空怀期、妊娠期和哺乳期 3 个生理阶段，为保证母羊正常生产力的发挥和顺利完成配种、妊娠、哺乳等各项繁殖任务，应根据母羊不同生理时期的特点，采取相应的饲养管理措施。

（一）空怀期

母羊在完成哺乳后到配种受胎前的时期叫空怀期，约为 3 个月。

此时正是青草季节，牧草生长茂盛、营养丰富，而母羊自身对营养需求相对较少，可完全放牧。只要抓住膘，就能按时发情配种。如有条件可酌情补饲。据研究，在配种前 1.0~1.5 个月，对母羊加强放牧，突击抓膘，甚至在配种前 15~20 天实行短期优饲，则母羊能够发情整齐，多排卵，提高受胎率和产羔率。

（二）妊娠期

妊娠期可分为妊娠前期（前 3 个月）和妊娠后期（后 2 个月）。

1. 饲养

妊娠前期胎儿小，增重慢，营养需求较少。通常秋季配种后牧草处于青草期或已结籽，营养丰富，可完全放牧；但如果配种季节较晚，牧草已枯黄，放牧不能吃饱时就应补饲，日粮组成一般为：苜蓿 50%、青干草 30%、青贮料 15%、精料 5%。

妊娠后期胎儿大，增重快（据测定，羔羊出生重的80%~90%在此期内完成），营养需求较多，又处在枯草季节，仅靠放牧不能满足营养需求。母羊的营养要全价，若营养不足，则羔羊体小毛少，抵抗力弱，容易死亡；母羊分娩衰竭，泌乳减少；但这并非营养越多越好，若母羊过肥，则容易出现食欲减退，反而使胎儿营养不良。因此，在妊娠的最后5~6周，怀单羔的母羊可在维持饲养基础上增加12%，怀双羔的母羊则增加25%。

日粮组成为：混合精料0.45千克，优质干草1~1.5千克，青贮料1.5千克。精料比例在产前6~3周增至18%~30%。

在母羊体质健壮、发育良好的情况下，产前一周要逐渐减少精料，产后一周要逐渐增加精料，以防因产奶量多、羔羊小、需奶量少而导致乳腺炎。尤其是蛋白质饲料，以保持旺盛的食欲。

2. 管理

（1）严防妊娠母羊腹泻。青饲料含水分过多或采食带露水的青草，常会引起妊娠母羊腹泻，使肠蠕动增强，极易导致妊娠母羊流产，应注意青、干草料搭配。

（2）避免妊娠母羊吃霜草、霉变料和饮用冰碴水。

（3）严防急追暗打，突然惊吓，以免流产。

（4）出入圈、放牧、饮水时要慢要稳，防止滑跌，防止拥挤，并在地势平坦的地方放牧。

（5）患病的妊娠母羊要严禁打针驱虫。

（6）在放牧饲养为主的羊群中，妊娠后期冬季放牧每天6小时，放牧距离不少于8公里；但临产前7~8天不要到远处放牧，以免产羔时来不及回羊圈。

母羊产前征兆：腹窝（肷窝）下陷，腹围下垂，乳房肿大，阴门肿大、流出黏液，常独卧墙角，排尿频繁，举动不安，时起时卧，不停地回头望腹，发出鸣叫等，都是母羊临产的表现。要对羊舍和分娩栏进行一次大扫除、大消毒，修好门窗堵好风洞，备足褥草等，通知有关人员做好分娩前的准备工作。

（三）哺乳期

哺乳期的长短取决于育肥方案的要求，一般为3~4个月。

1. 饲养

羔羊出生后2个月内的营养主要靠母乳，故母羊的营养水平应以保证泌乳量多为前提。

哺乳母羊的营养水平与下列因素有关。

（1）与泌乳量有关，通常每千克鲜奶可使羔羊增重176克，而肉用羔羊一般日增重250克，故日需鲜奶1.42千克。再按每产1千克鲜奶需风干饲料0.6千克计算，则哺乳母羊每天需风干饲料0.85千克。据研究，哺乳母羊产后头25天喂给高于饲养标准10%~15%的日粮，羔羊日增重可达300克。

（2）与哺乳羔羊的数量有关，一般补饲情况如下。

①精料：0.5千克（产单羔者），0.7千克（产双羔者），哺乳中期以后减至0.3~0.4千克。②青干草：产单羔母羊日补饲苜蓿干草和野干草各0.5千克，产双羔母羊日补饲苜蓿干草1千克。多汁料均补饲1.5千克。

2. 管理

（1）对产后头3天的母羊，应给予易消化的优质干草，尽量不补饲精料，否则，大量喂饲浓厚的精饲料往往会伤及肠胃，导致消化不良或发生乳腺炎。以后根据母羊的肥瘦、食欲及粪便的状态等，灵活掌握精料和多汁料的喂量，一般10~15天后，再按饲养标准喂给应有的日粮。

（2）要保证充足的饮水和羊舍清洁干燥。

（3）胎衣、毛团等污物要及时清除，以防羔羊吞食得病。

（4）要经常检查母羊乳房，以便及时发现奶孔闭塞、乳腺炎、化脓或无奶等情况。

三、育成羊的饲养管理

育成羊是指断奶后到初配前的羊。

（一）饲养

羔羊断奶前后适当补饲，可避免断奶应激，并对以后的育肥增重有益。因此，断奶初期最好早晚两次补饲，并在水、草条件好的地方放牧。秋季应狠抓秋膘。越冬时应以舍饲为主、放牧为辅，每天每只羊应补给混合精料 0.2~0.5 千克。育成公羊由于生长速度比母羊快，所以其饲料定额应高于母羊。

优质青干草和充足的运动，是培育育成羊的关键。充足而优质的干草，有利于消化器官的发育，培育成的羊骨架大、采食量大、消化力强、活重大；若料多而运动不足，培育成的育成羊个子小、体短肉厚、种用年限短。尤其对育成公羊，运动更重要。每天运动时间应在 2 小时以上。

（二）管理

断奶后，应按性别、大小、强弱分群：先把弱羊分离出来，尽早补充富含营养、易于消化的饲料饲草，并随时注意大群中体况跟不上的羊只，及早隔离出来，给予特殊的照顾。根据增重情况，调整饲养方案。

第一年入冬前，对育成羊群集体驱虫一次。同时防止羔羊肺炎、大肠杆菌病、羔羊肠痉挛和肠毒血症等发生。

（三）适时配种

一般育成母羊在满 8~10 月龄，体重达到 40 千克或达到成年体重的 65%以上时配种，育成羊的发情不如成年母羊明显和规律，因此要加强发情鉴定，以免漏配。育成公羊须在 12 个月龄以后，体重达 70 千克以上再配种。

育成羊的发育状况可用预期增重来评价，故按月固定抽测体重是必要的。要注意称重应在早晨未饲喂前或出牧前进行。

第三节　猪养殖技术

一、后备公猪的饲养管理

后备公猪所用的饲料应根据其不同的生长发育阶段进行配合，要求原料品种多样化，保证营养全面。在饲养过程中，注意防止体重过快增长，注意控制性成熟与体成熟的同步性。

后备公猪从 50 千克开始就要公、母分开，按照体重进行分群，一般每栏 4～6 头，饲养密度要合理，每头猪占地面积为 1.5～2.0 平方米。定期、定量、定餐饲喂，保持适宜的体况。提供清洁而充足的饮水。做好防寒保温、防暑降温、清洁卫生等环境条件的管理。

为了使后备猪四肢结实、灵活、体质健康，应进行适当运动。每天上午、下午各 1 次，每次 1 小时。后备公猪最迟在调教前 1 周开始运动。运动时注意保护其肢蹄。

后备公猪一般自 8 月龄起就开始进行调教，训练采精。调教前先让其观察 1～2 次成年公猪采精过程，然后开始调教。调教过程中，通过利用成年公猪的尿液、发情母猪的叫声、按摩后备公猪的阴囊部位和包皮等给予刺激。调教过程中要让公猪养成良好习性，便于今后的采精工作。采精人员不能用恶劣的态度对待公猪。对于不爬跨假母猪台的公猪要有耐心，每次调教的时间不超过 30 分钟，1 周可调教 4 次。如果有公猪对假母猪台不感兴趣，可利用发情母猪刺激公猪，驱赶 1 头发情母猪与其接触，先让其爬跨发情母猪采精 1 次，第二天再爬跨假母猪台，这样容易调教成功。后备公猪在采到初次精液后，第二天要再采精 1 次，以便增强记忆。

二、母猪的饲养管理

（一）后备母猪的饲养管理

1. 后备母猪选择

选自第二至五胎优良母猪后代为宜。体形符合本品种的外形标准，生长发育好、皮毛光亮、背部宽长、后躯大、体型丰满，四肢结实有力，并具备端正的肢蹄，腿不宜过直。有效乳头应在 6 对以上，排列整齐，间距适中，分布均匀，无瞎乳头和副乳头，阴户发育较大且下垂、形状正常。日龄与体重对称，出生体重在 1.5 千克以上，28 日龄断奶体重达 8 千克，70 日龄体重达 15 千克，体重达 100 千克时不超过 160 日龄；100 千克体重测量时，倒数第三到第四肋骨离背中线 6 厘米处的超声波背膘厚在 2.0 厘米以下。

后备母猪挑选常分五次进行，即出生、断奶、60 千克、5 月龄（105~110 千克）左右（初情期）、配种前逐步给予挑选。

2. 后备母猪的饲养

（1）合理配制饲粮。按后备母猪不同的生长发育阶段合理地配制饲粮。应注意饲粮中能量浓度和蛋白质水平，特别是矿物质元素、维生素的补充，否则容易导致后备猪的过瘦、过肥以及骨骼发育不充分。

（2）合理的饲养。后备母猪需采取前高后低的营养水平，后期的限制饲喂极为关键，通过适当地限制饲养既可保证后备母猪良好的生长发育，又可控制体重的高速度增长，防止过度肥胖。后期限制饲养的较好办法是增喂优质的青粗饲料。

3. 后备母猪的管理

后备母猪一般为群养，每栏 4~6 头，饲养密度适当。

（1）适当运动。为强健体质，促使猪体发育匀称，特别是增强四肢的灵活性和坚实性，应安排后备母猪适当运动。可在运动场内自由运动，也可放牧运动。

（2）调教。为了繁殖母猪饲养管理上的方便，后备猪在培育时就应进行调教。一要严禁粗暴对待猪只，建立人与猪的和睦关系，从而有利于以后的配种、接产、产后护理等管理工作。二要训练猪养成良好的生活规律，如定时饲喂、定点排泄等。

（3）定期称重。定期称量个体体重，既可作为后备猪选择的依据，又可根据体重适时调整饲粮营养水平和饲喂量，从而达到控制后备猪生长发育的目的。

（4）日常管理。夏季防暑降温，冬季防寒保温；同时保持猪舍清洁卫生、干燥和良好的通风。

（5）后备母猪的使用。后备母猪一般在 8 月龄左右，体重控制在 110~120 千克，第三个情期开始配种。过早或过晚配种都会影响后备母猪将来的生产性能。

（二）繁殖母猪的饲养管理

1. 做好配种后第一个月的饲养管理

据报道，配种后最初的饲喂量控制非常关键，此时饲料喂量太多、营养水平太高会使孕酮浓度降低，从而提高胚胎死亡率，降低母猪的产仔数，母猪容易过肥。配种后第一个月最重要的工作是减少各种应激，特别是热应激。

2. 注意妊娠第二、第三个月的饲养管理

妊娠 30~85 天逐渐增料，但还必须适当限制母猪的采食。据报道，此妊娠阶段过高的采食量反而会降低泌乳期间母猪的自由采食量。这段时间对母猪的饲喂方式和采食量的调整应视母猪的膘情不同而不同，饲喂数量因母猪品种、年龄、胎次及个体不同很难具体规定，饲养者的经验就显得非常重要。

3. 控制好妊娠85天至母猪分娩时的饲养管理

（1）保证仔猪足够的初生重。仔猪2/3的初生重是在这一段时间内形成的。

（2）保证仔猪初生重的一致性（整齐度）。一致性越好，出生仔猪的存活率越高。注意饲料中的营养特别是有效蛋白质的含量。据报道，妊娠期间母猪瘦肉的增长，会对泌乳期产奶量产生积极作用，而脂肪增长过多则会对泌乳期采食量产生负面影响，从而影响泌乳量。故这一阶段应适当添加含多种氨基酸、多种维生素的营养剂，特别增加有效蛋白质的含量。

4. 分娩前后母猪的饲养管理

母猪大多数生殖问题出现在分娩前后，所以，饲养母猪的关键是在分娩前后各半个月。母猪分娩前后管理不善易造成一系列问题，如母猪乳房水肿、便秘、贫血、产程过长等，使仔猪不能获得足够的母源抗体，造成仔猪疾病多，死亡率高，断奶体重小；造成母猪分娩应激、难产、无乳或泌乳能力低，严重的引起乳房发炎、子宫炎、阴道炎。

5. 泌乳母猪的饲养管理

泌乳母猪室的隔离、消毒、清洁卫生、通风换气和防寒保暖等饲养管理工作相当重要。饲养泌乳母猪的目的是增加泌乳量，充分保证仔猪生长发育的营养需要，提高仔猪成活率和断奶体重，保证断奶后母猪能及时发情配种。泌乳母猪敞开饲喂并保证母猪身体健康、内分泌正常、奶水多、食欲良好而又不发生便秘及传染性疾病是最理想的。

三、仔猪的饲养管理

（一）哺乳仔猪的饲养管理

1. 接产

仔猪出生后，立即将口、鼻黏液掏除、擦净，然后剪齿、断尾。仔猪出生时已有末端尖锐的上下第三门齿与犬齿3枚，需用剪齿钳从根部剪平，防止仔猪相互争抢而伤及面颊及母猪乳头。断尾是指用手术刀或锋利的剪刀剪去最后3个尾椎，并涂药预防感染，防止仔猪相互咬尾。

2. 加强保温，防冻防压

通过红外线灯、暖床、电热板等办法给予加温。最初每隔1小时让仔猪哺母乳1次，逐渐延至2小时或稍长时间，3天后可让母猪带仔哺乳。栏内安装护仔栏，建立昼夜值班制，注意检查观察，做好护理工作。

3. 早吃初乳

仔猪出生后要及时吃足初乳，同时固定乳头，体强的仔猪放在后边乳头上，保证同窝猪生长均匀。如果母猪有效乳头少，要做好仔猪的寄养工作。

4. 补铁

铁是造血必需的元素，为防止缺铁性贫血，仔猪出生2~3日注射牲血素补铁，最好15日龄再补铁一次，促进仔猪正常生长。

5. 开食补料

7日龄开始补料，每次每窝添加10~20克，每天数次，14日龄时，仔猪基本上学会采食少量教槽料。以后随着仔猪食量增加逐渐加大喂量。

（二）断奶仔猪的饲养管理

1. 断奶方式

采用高床限喂栏分娩的猪场，多采用一次性断奶法；采用地面平养分娩的猪场，最好采用逐渐断奶或分批断奶，一般5天内完成断奶工作；小规模饲养方式的仔猪可一直饲养到出栏仍在原栏。

2. 合理分群

按强弱大小分栏饲养，每栏仔猪体重接近，按每头猪占0.9平方米的面积计算每栏饲养头数。最多每栏15头，过多拥挤易发生咬尾、咬耳现象，不利于猪的生长。

3. 喂料

断奶后1周内的仔猪要控制采食量，以喂8成饱为宜，实行少喂多餐（每天喂4~6次），逐渐过渡到自由采食，在不发生营养性腹泻的前提下，尽量让仔猪多采食。断奶后7~10天内，仍然喂给断奶前饲喂的乳猪料。乳猪料换为仔猪料时应有5~7天的过渡期，逐渐减少乳猪料的饲喂比例，直至完全饲喂仔猪料。

4. 饮水

保育仔猪应供给充足、清洁的饮水，自动饮水器高低应恰当，保证不断水，若无自动饮水器，饲槽内放清洁的水，刚进栏的猪可适当在饮水中加入电解多维，抵抗应激反应。

5. 保温

断奶仔猪适宜温度25~26℃。复式猪舍比较容易达到该温度，单列式猪舍要采取适当的措施保温。复式猪舍应注意通风。

6. 调教

使仔猪做到三定：吃、睡、排粪定地点。为使排粪尿定地点，在分栏时把仔猪粪便放在每栏定点位置。通过3~5天调教，基本都能做到定点排粪尿。既便于粪便清扫，又能保持猪舍干净。

7. 去势

没有去势的准备育肥的仔猪，特别是小公猪，在进入保育舍后7~10天可以进行去势，母猪肥育可以不去势。

8. 清扫

每日必须清扫3~4次栏舍，保持栏舍内干净卫生。夏天应在上午9时左右冲刷猪舍，每周消毒1次。

四、育肥猪的饲养管理

（一）猪的肥育方式

1. 一贯肥育法

一贯肥育法又称一条龙肥育法。从仔猪断奶到育肥结束，全程均采用较高的饲养水平，实行均衡的饲养方式，一般6~8月龄时体重可达90~100千克以上。在规模化养猪场（户）饲养瘦肉型猪采用此法，可实现高投入获得高回报。但饲料投入成本较大，需要有相应的经济承受力。

2. 淘汰种猪肥育法

淘汰种猪多是年老体瘦，可利用价值差。因此，利用淘汰的成年公母猪进行肥育的任务在于改善肉的品质，获得大量的脂肪，因此，所供给的营养物质，主要是含丰富碳水化合物的饲料。在肥育前进行去势，既能改善肉的品质，又有利于催肥。成年猪经去势后体质较弱，食欲又差，应加强饲养管理，供给容易消化的饲料。催肥阶段应减少大容积饲料、增加精饲料的喂量。

（二）肥育猪的饲养管理

1. 合理分群

肉猪采取群饲方式，可以充分利用圈舍，节省能源，提高劳动效率，同时由于猪的群体易化作用较强，可以促进猪的食欲。但不良的群饲或群养同样也能影响动物的生产性能，如猪群整齐度不良和互相咬尾、咬耳等。在分群时最主要的原则是尽量保证群体的同质性，按杂交组合分群，不同杂交组合的杂种猪习性不同；按体重大小、体质强弱分群。另外，还应保证群体的稳定性，即不要频繁更改群体。

2. 采用适宜的肥育方法

饲养瘦肉型肥育猪应采用一贯肥育法。采用这种肥育方法，就是在整个肥育期，按体重分成两个阶段，即前期 30~60 千克，后期 60~90 千克或以上；或者分成 3 个阶段，即前期 20~35 千克，中期 35~60 千克，后期 60~90 千克或以上。根据肥育猪不同阶段生长发育对营养需要的特点，采用不同营养水平和饲喂技术。一般是从肥育开始到结束，始终采用较高的营养水平，但在肥育后期，采用适当限制喂量或降低饲粮能量水平的方法，以防止脂肪沉积过多，提高胴体瘦肉率。一贯肥育法，日增重快，肥育期短，一般出生后 155~180 天体重即可达 90 千克左右，出栏率高，经济效益好。

3. 合理安排去势、防疫和驱虫

肥育猪的去势、防疫和驱虫是饲养过程中的三项基本技术措施，但对肥育猪来说，这是强烈刺激，不能同时进行，在时间上应恰当分开。

（1）去势。如果不去势，屠宰后有性激素的难闻气味，尤其是公猪，膻气味更加强烈，所以肥育开始前都需要去势。去势时间一般安排在 20~30 日龄，体重 5~7 千克。此时仔猪已能正常地吃料，体重小，手术较易进行。

（2）防疫。防疫是肥育猪使用疫（菌）苗预防接种的免疫程序，目前尚无统一规程。通常采用 20-55-70 免疫程序，即仔猪出生后 20 日龄注射猪瘟疫苗，55 日龄重复注射猪瘟疫苗及猪丹毒、猪肺疫和仔猪副伤寒菌苗，70 日龄重复注射仔猪副伤寒菌苗，获得良好的免疫效果。

（3）驱虫。肥育猪的寄生虫主要有蛔虫、肺丝虫、姜片虫、疥螨和虱子等体内外寄生虫。通常在 70 日龄进行第一次驱虫，必要时在 130 日龄左右再进行一次驱虫。

4. 适宜的猪群规模和饲养密度

肥育猪圈养密度影响猪增重速度和饲料转化率。猪群的头数太多，或每头猪占的面积太小，都会增加猪的咬斗次数，减少卧睡时间和采食量。尤其是夏季，圈养密度过大，使猪舍内湿度增高，对日增重和饲料转化率都有不良影响，也容易使猪发病。一般限制饲喂以每群 10~15 头为宜，最多不超过 30 头。若在自由采食条件下，每群可增多到 50 头。肥育猪饲养密度的大小根据体重和猪舍的地面结构确定。通常随肥育猪体重增大，每栏饲养的头数减少，每头猪占的面积相应增大。对于有小运动场结构的猪舍，每头猪的运动场最小的占地面积可与内圈相同；或者体重 35 千克，每头所需小运动场面积为 0.20~0.30 平方米；体重 75 千克，每头需 0.25~0.35 平方米；体重 100 千克，每头需 0.30~0.40 平方米。但在我国南方地区，因夏季气温较高，湿度较大，适当降低饲养密度，才能使猪生长发育正常。大群饲养肥育猪，在猪圈内要设活动板或活动栅栏，可根据猪的个体大小调节猪圈面积大小。同时将生长发育差的猪，及时调到另外圈内集中加强饲养。

5. 合理调制饲料

配制肥育猪配（混）合饲料的几种主要原料，如大麦、玉米、豆粕、麸皮和米糠等，一般宜生喂，生喂营养价值高，煮熟后营养价值约降低 10%。但大豆、豆饼因含有抗胰蛋白酶抑制物质和其他不利物质，需经高温加热处理，破坏其中影响消化的不利物质，才能提高豆饼中的蛋白质和氨基酸的利用率。

6. 适宜的饲喂次数

在相同营养和饲养管理条件下，不同日喂次数，肥育猪的日增重没有显著差异；每增重 1 千克，饲料消耗也无显著差异。我国饲养肥育猪普遍日喂 3 次，但现在有不少的猪场和农户认为日喂 2 次是比较适宜的。每日喂 2 次的时间安排，是清晨和傍晚各喂 1 次，因傍晚和清晨猪的食欲较好，可多采食饲料，有利增重。

7. 饲喂方式和每日喂量

肥育猪的饲喂方式，一般分为自由采食和限量饲喂两种。肥育猪自由采食，日增重较高，胴体脂肪沉积较多，每增重 1 千克消耗饲料亦较多。限量饲喂，则日增重较低，胴体肪沉积较少，瘦肉率较高，每增重 1 千克消耗饲料较少。养猪生产实践中，若为了追求日增重高，则采用自由采食；若是追求胴体瘦肉率高，可采用前期（体重 50~60 千克前）自由采食与后期（体重 50~60 千克后）限量饲喂相结合的饲喂方式。在采用限量群饲时，要有充足的料槽位。但在自由采食饲喂方式下，所有猪并不会同时采食，料槽位可适当减少些。

8. 供给充足而洁净的饮水

肥育猪的饮水量与体重、环境温度、湿度、饲粮组成和采食量相关。一般在冬季，其饮水量应为风干饲料量的 2~3 倍，或体重的 10% 左右；春秋季节，为风干饲料量的 4 倍，或体重的 16%；夏季为风干饲料量的 5 倍，或体重的 23%。饮水设备以自动饮水器较好，或在圈内单独设水槽，经常保持充足而清洁的饮水，让猪自由饮用。

第四节　鸡养殖技术

一、雏鸡的饲养管理

雏鸡指从鸡出壳到脱温（4~6 周龄）阶段的仔鸡。雏鸡的饲养管理重点是确保雏鸡骨骼、免疫系统、体重、羽毛在早期发育良好，提高鸡群成活率和均匀度。雏鸡的饲养管理要点如下：

（一）做好育雏前的准备

如检修育雏舍内所有设备、器具，并做好消毒工作，雏鸡到达前对鸡舍进行预热和试温；准备好饲料、饮水、药品等。

（二）雏鸡的饲养

1. 饮水

雏鸡进场后，首先确保饮水，以防鸡脱水；最初几天最好用温水，水中可添加5%葡萄糖，以减少应激；及时调整饮水高度。

2. 喂料

雏鸡进场后要及时开食，确保所有雏鸡都能同时吃到充足的育雏饲料；雏鸡一般实行自由采食，做到少喂多餐，0~2周龄每昼夜喂5~6次，3周龄开始每昼夜喂4次；及时调整料桶（槽）高度。

（三）创造良好的饲养环境

1. 温度

第一周以32~35℃为宜，以后每隔一周降低3℃，直到脱温，生产实际中实行“看鸡施温”，以雏鸡舒适为准。

2. 湿度

第一周65%~70%，第二周以后55%~65%。

3. 光照

光照时间和强度以保证雏鸡能够进行正常采食、饮水即可。

4. 通风

1~2周龄可以以保温为主，适当注意通风，3周龄开始适当增加通风量和通风时间，4周龄以后，则以通风为主，特别是夏季，冬季除外。

（四）适宜的饲养密度

雏鸡密度过大，易出现闷热拥挤、影响运动、干扰采食饮水，导致舍内空气污浊，雏鸡易发生啄癖、发育不整齐、成活率低；若密度过小，房舍及设备利用率低，饲养成本高。雏鸡适宜的饲养密度见表4-1。采食位置要根据鸡日龄大小及时调节，以保证每只鸡都能同时采食。

表 4-1　不同育雏方式雏鸡饲养密度

周龄	地面平养（只/米^2）	网上平养（只/米^2）	立体笼养（只/米^2）
1~2	30	40	60
3~4	25	30	40
5~6	20	25	30

（五）做好清洁和免疫

要保持育雏舍清洁卫生，尽量避免应激，做好育雏期的免疫接种工作。

二、育成鸡的饲养管理

肉鸡育成期指从育雏结束到上市。种鸡育成期指从育雏结束到开产前，一般为 7~20 周龄。育成期的饲养管理重点是保证鸡只的骨骼和肌肉充分发育，适度控制生殖器官的发育。肉鸡在育成期要尽量减少因转群及换料而产生的应激，实行强弱分群、公母分群饲养，注意预防球虫、大肠杆菌等常见病和鸡群的啄癖，使肉鸡生长发育良好，上市体重均匀度高。育成母鸡性成熟过早，就会早产蛋，产小蛋，持续高产时间短，早衰，产蛋量减少；若性成熟晚，则会推迟开产时间，产蛋量减少。因此，种鸡育成期的饲养管理重点是通过合理的限料及光照制度来控制育成母鸡的性成熟，使母鸡适时开产，适时达到产蛋高峰、高峰期持久、种蛋合格率高。另外，要做好日粮过渡、饮水、体重及均匀度测定等工作，同时保持适宜的饲养密度，确保个体发育均匀。

三、产蛋鸡的饲养管理

肉种鸡的产蛋期一般是指 21~66 周龄，蛋鸡的产蛋期一般是指 19~72 周龄。产蛋期的饲养管理重点是最大限度地减少或消除各种不利因素对产蛋鸡的有害影响，创造有利于产蛋鸡健康和产蛋的最佳环境，使鸡群充分发挥其产蛋生产性能。产蛋母鸡此阶段生理变化很大，要尽量减少转群、饲养环境与养殖方式改变而造成的应激。合理调整产蛋母鸡的体重使之达到标准，提供足够的营养，科学补充光照和更换日粮，以适应产蛋鸡的生理性变化。处理好温度与通风的关系，做好夏季防暑降温、冬季保温工作，密闭鸡舍还应注意通风换气，降低舍内氨气浓度。结合鸡群实际产蛋情况做好饲喂管理，产蛋前适当增加喂料量，产蛋高峰期不能减少喂料量，产蛋后期适当减少喂料量以免母鸡过肥，也可在饲料中适当补充钙质，以防蛋壳质量下降。做好日常的喂料、捡蛋、打扫卫生、消毒、免疫接种和生产记录，还应观察和管理鸡群，及时发现和解决生产中的问题，以确保鸡群健康和高产、稳产。

四、优质型肉鸡的饲养管理

优质型肉鸡的饲养期一般分为 3 段：育雏期（0~3 周龄）、生长期（4 周龄至出栏前 2 周）、育肥期（出栏前 2 周至出栏），不同阶段对饲养管理的要求也不同。优质型肉鸡的育雏期的饲养管理可参考前面雏鸡的饲养管理，下面重点介绍优质型肉鸡的生长期、育肥期的饲养管理。

（一）生长期、育肥期的饲养管理

生长期优质型肉鸡生长发育快，采食量不断增加，应及时更换生长期饲料。饲料要保存在避光、干燥、通风处，防止因发霉、潮湿或日光照射造成的饲料废弃。育肥期的管理目标是促进肌肉生长及脂肪沉积，增加鸡的体重，改善肉鸡品质及鸡的外貌，适时上市。

1. 饲料与饮水

优质型肉鸡在不同生长阶段要及时地更换相应的饲料，每天至少 3 次喂料，每次投料不超过料槽高度的 1/3，料槽要及时更换，每周调整料槽的高度，一般使料槽上沿高度与鸡背等高或高出 2 厘米，料槽数量要足够并且分布均匀。

饮水要新鲜清洁，每采食 1 千克饲料要饮水 2~3 千克。自动饮水时要确保饮水器内充满水，饮水器数量足够且分布均匀，饮水器的高度要及时调整，边缘与鸡背保持相同的高度。

2. 鸡群的观察

饲养人员要注意观察鸡群的状况，做到有问题早发现，并及时处理。经常观察鸡群是肉仔鸡管理的一项重要工作。一是检查鸡舍环境的不足，二是检查设备是否运转正常，三是可以观察鸡群是否健康。饲养员要注意对鸡只的行为姿态、羽毛、粪便、呼吸、饲料用量等进行详细观察，通过观察可及时发现弱残病鸡及其他一些问题。鸡舍小气候不适宜时要立即调整好，如发现鸡群有病态表现时，饲养人员不应随意投药，应立即报告兽医人员，由兽医人员负责采取相应的技术措施。

3. 分群

随着鸡只体重的增长，要及时进行公母、大小、强弱分群。这有利于提高增重、整齐度和饲养效益。及时扩群，保持合理的饲养密度。

（二）放牧饲养

有些优质型肉鸡耐粗饲，抗病性、适应性强，适于放牧饲养，有放牧或半放牧等饲养方式。30 日龄左右的雏鸡，体重在

0.4千克左右可开始放牧饲养。在转移至放牧地前，要做一些适应工作，如逐渐停止人工供温，使鸡群适应外界气温。另外，要在舍内进行“闻哨回窝”的训练，每次喂料前吹哨，使鸡养成听到哨音返回补饲地点吃食的条件反射。饲料中可添加少量青绿饲料，以适应放牧时鸡群采食青绿饲料。

晴朗暖和的天气适合放牧，放牧时间由短到长，让鸡逐渐适应放牧饲养。开始放牧时仍保持舍饲时的喂料量，让其自由采食，以后逐渐由全价饲料为主向以昆虫和杂草为主过渡。在饲料投放方面，采取早上少喂、中午不喂、晚间多喂的饲喂制度，以强化觅食能力，降低生产成本，改善肉鸡品质。放养场地执行轮牧，有利于其生态的恢复，利用日光等自然因素杀死病原，减少疾病的发生。

第五节　鸭养殖技术

一、雏鸭的饲养管理

（一）选择健康雏鸭

要选眼大有神、性情活泼、体态匀称、绒毛整洁、富有光泽，并且毛密附体躯，腹部柔软，脐带处无血迹或硬块，头大、背宽、喙阔、叫声清晰的壮雏饲养。

（二）密度适宜

雏鸭的饲养密度要适宜，饲养密度过大，会造成鸭舍潮湿、空气污浊，引起雏鸭生长不良等后果；密度过小，则浪费场地、人力等资源，使效益降低。

蛋鸭雏笼养，1周龄以内每平方米60~65只，2周龄每平方米40~45只，3周龄以后每平方米15~18只；地面垫料饲养，

1周龄以内每平方米30~40只，2周龄每平方米25~35只，3周龄以后每平方米20~25只；网上平养，1周龄以内每平方米40~60只，2周龄每平方米35~50只，3周龄以后每平方米30~40只。

肉鸭地面垫料饲养，1周龄以内每平方米20只，2周龄每平方米14只左右，3周龄以后每平方米10只；网上平养，1周龄以内每平方米25~30只，2周龄每平方米15~25只，3周龄每平方米10~15只，4周龄以后每平方米8~10只。

注意冬季密度可大些，夏季密度可小些。

（三）及时分群

雏鸭分群是提高成活率的重要环节。要按其大小、强弱等不同分为若干小群，以每群300~500只为宜。

第一次分群是在雏鸭在“开水”前，根据出雏的迟早、强弱分开饲养。笼养的雏鸭，将弱雏放在笼的上层、温度较高的地方。平养的要根据保温形式来进行，强雏放在近门口的育雏室，弱雏放在鸭舍中温度最高处。这样各种不同类型的鸭都能得到合适的饲养条件和环境，可维持正常的生长发育。

第二次分群是在“开食”以后，一般吃料后3天左右，可逐只检查，将吃食少或不吃食的放在一起饲养，适当增加饲喂次数，比其他雏鸭的环境温度提高1~2℃。同时，要查看是否有疾病原因等，对有病的要对症采取措施，如将病雏分开饲养或淘汰。再是根据雏鸭各阶段的体重和羽毛生长情况分群，各品种都有自己的标准和生长发育规律，各阶段可以抽称5%~10%的雏鸭体重，结合羽毛生长情况，未达到标准的要适当增加饲喂量，超过标准的要适当扣除部分饲料。

（四）及时开水开食

当雏鸭出壳后20~30小时，听到响声即站起来伸头张嘴时，即可开食。刚出壳的雏鸭机体含水分75%左右，若24小时内不给雏鸭饮水，雏鸭就会因严重失水出现精神沉郁、两翅下垂、嗜睡、眼球下陷、局部皮肤皱缩等症状。饮水还可以促排胎粪，促进新陈代谢，加速吸收体内剩余的蛋黄，以加强食欲感。因此，对幼雏来说，及早供给清洁适温的饮水比喂料更重要，而且要保证24小时有水。开水后就要开食。雏鸭的胃肠容积小，消化能力差，要求饲料品质好、易消化。料槽的大小、高低要适宜，摆放位置要适当，保证每只雏鸭都能吃饱吃好。

（五）营养均衡

雏鸭饲料要求高蛋白、高能量。用全价配合饲料饲喂，最好购买大型饲料企业生产的雏鸭专用料，自配育雏料的，要注意补充适量的食盐、多种维生素和矿物质添加剂。雏鸭饲料必须保证品质，严防霉烂变质。

（六）创造良好的饲养环境

1. 温度

出壳后的雏鸭因绒毛短，调节体温能力差，需要人工保温。雏鸭对育雏环境的温度要求是：1~2日龄29~30℃，3~7日龄24~29℃，8~14日龄19~24℃，15~21日龄17~19℃，21日龄后可保持在15℃，每天温差不能超过2℃，在恢复常温时要逐步降温。

2. 湿度

雏鸭舍要保持干燥清洁，相对湿度60%~70%最好，湿度超过80%，同时伴随温度不适时，雏鸭即出现精神不振、食欲减退、扎堆、呼吸困难、拉稀、绒毛松乱等症状，突出表现是啄毛，严重时雏鸭整个头、颈和背部的绒毛全部被啄光，外观好像用热水烫过后拔净了一样。湿度如果低于50%，易引发雏鸭呼吸道疾病，且出现脚趾干瘪、精神不振等轻度脱水症状。

3. 空气

保持鸭群适当的密度，及时清除污秽的垫料和粪便等有机物。在控制温度的同时，还要保证舍内空气流通。最好在窗户上装一个通风换气扇，但要防止贼风直吹鸭体。

4. 光照

适度光照，不但便于雏鸭采食、饮水、活动，而且还可促进雏鸭的生长发育。方法是：每个育雏间可安装一个 10 瓦灯泡，最初 3 天采用全日光照，以后每周减少 2~3 小时，到 4 周龄恢复自然光照。蛋用雏鸭光照控制的目的是控制蛋鸭的性成熟期，提高产蛋量，故控制方法与肉用种鸭相同。而肉用仔鸭光照控制的目的是延长采食时间，促进体重的增长。

（七）放水

实行圈养和放牧养鸭的，要在雏鸭出壳 2~5 天后开始给雏鸭放水。即用漏筛装雏放入水中 5~7 分钟。先湿脚，再徐徐下沉，让其游泳、嬉戏。以后每天定时放水。7 天后，可在每次喂料后放入 8~10 厘米深的浅水围中，每次 15~20 分钟；15 天后，围内水深增至 15~20 厘米，每次放水 20~30 分钟。

（八）做好防疫工作

1. 做好卫生消毒

要经常打扫场地，更换垫料，保持育雏室清洁、干燥，每天清洗饲槽和饮水器。注重鸭棚及环境的消毒，以及料槽、饮水器的消毒，选择 2~3 种不同的消毒剂交替使用，防止细菌产生抗药性。

2. 预防用药

重点预防雏鸭沙门菌病、大肠杆菌病、支原体病，1~7 日龄用抗菌药物预防，但一定要使用敏感药物。

3. 疫病预防

做好鸭瘟、鸭病毒性肝炎、鸭传染性浆膜炎、禽流感的疫苗免疫。注射疫苗时，加饮电解多维或维生素 C 粉拌料。注苗前后应停用抗菌药物 1~2 天。

二、育成鸭的饲养管理

育成鸭一般指 5~16 周龄或 18 周龄开产前的青年鸭，这个阶段称为育成期。育成鸭具有体重增长快、羽毛生长迅速、性器官发育快、适应性强等特点。

（一）饲料与营养

育成期与其他时期相比，营养水平宜低不宜高，饲料宜粗不宜精，目的是使育成鸭得到充分锻炼，使蛋鸭长好骨架。因此，代谢能只能含有 11 297~11 506 千焦/千克，蛋白质为 15%~18%。半圈养鸭尽量用青绿饲料代替精饲料和维生素添加剂，约占整个饲料量的 30%~50%，青绿饲料可以大量利用天然的水草，蛋白质饲料占 10%~15%。

（二）限制饲喂

放牧鸭群由于运动量大，能量消耗也较大，且每天都要不停地找食吃，整个过程就是很好的限喂过程，只是饲料不足时，要注意限制补充（饲喂）。而圈养和半圈养鸭则要重视限制饲喂，否则会造成不良后果。

限制饲喂一般从 8 周龄开始，到 16~18 周龄结束。当鸭的体重符合本品种的各阶段适当体重时，也不需要限喂。

采用哪种方法限制饲喂，各种养鸭场可根据饲养方式、管理方法、蛋鸭品种、饲养季节和环境条件等定。不管采用哪种限喂方法，限喂前必须称重，每两周抽样称重一次，整个限制饲喂过程是由体重（称重）-分群-饲料量（营养需要）3 个环节组成，最后将体重控制在一定范围，如小型蛋鸭开产前的体重只能在 1.4~1.5 千克，超过 1.5 千克则为超重，会影响其产蛋量。

（三）分群与密度

分群可以使鸭群生长发育一致，便于管理。在育成期分群的另一原因是，育成阶段的鸭对外界环境十分敏感，尤其是在长毛细血管时，饲养密度较高时，互相挤动会引起鸭群骚动，使刚生长的羽毛轴受伤出血，甚至互相践踏破皮出血，导致生长发育停滞，影响今后的开产和产蛋率。因而，育成期的鸭要按体重大小、强弱和公母分群饲养，一般放牧时每群为 500～1 000 只，而舍饲鸭则要分成 200～300 只一小栏，分开饲养。其饲养密度，因品种、周龄而不同。一般 5～8 周龄，每平方米地面养 15 只左右；9～12 周龄，每平方米 12 只左右；13 周龄起每平方米 10 只左右。

（四）光照

光照的长短与强弱也是控制性成熟的方法之一。育成鸭的光照时间宜短不宜长。有条件的鸭场，育成鸭于 8 周龄起，每天光照 8～10 小时，光照强度为 5 勒克斯，其他时间可用朦胧光照。

三、肉鸭生长育肥期的饲养管理

生长育肥期的肉鸭体温调节机能已趋完善，消化机能已经健全，采食量增大，骨骼和肌肉生长旺盛。因此，在整个育肥期应随时保持饮水的清洁，特别在夏季，不可缺水。从育雏结束转入生长育肥期的前 3 天至前 2 天，将雏鸭料逐渐转换成生长饲料，切忌突然更换饲料而造成应激。控制好温度、湿度和光照条件，为育肥期肉鸭创造适宜的生活环境。育肥期肉鸭生长发育快，应注意其饲养密度的调整。进入育肥阶段的鸭采食量、饮水量大，排粪多，应保持环境卫生，减少疾病发生。大型商品肉仔鸭和放牧型肉用仔鸭的育肥不同。大型商品肉仔鸭一般采用人工填饲育肥，一般中鸭饲养到 35～42 日龄，体重达 1.75 千克以上时，转入为期 2 周左右的强制育肥阶段。填饲前应按性别、体重、大小、体质进行分群，挑选体质健壮、发育正常的鸭进行填饲，淘汰病残鸭和弱鸭。麻鸭类地方品种一般采用放牧育肥的方式。结合夏收、秋收，在水稻或小麦收割后，将肉鸭赶至田中，觅食天然饲料，以达育肥目的。放牧时应该慢赶慢放，吃饱吃好，少运动，以促进增重，结合放牧觅食情况适当进行补饲。适时上市，不同地区或不同加工目的，要求的肉鸭体重不一样。因此，要根据销售对象、加工用途等选择最佳的上市日龄。肉鸭一旦达到上市标准要尽快出售，以提高经济效益。

四、产蛋鸭的饲养管理

产蛋期是蛋鸭一生中饲养标准要求最高和饲料消耗量最多的阶段；在环境管理上，要创造最稳定的饲养条件，才能保证蛋鸭高产稳产，且蛋品优质，种用价值最高。

（一）产蛋前的饲养管理

1. 饲养方式

产蛋鸭饲养方式包括放牧、全舍饲、半舍饲 3 种。半舍饲方式最为多见，而笼养极少见到。

2. 环境条件要求

（1）温度。鸭对外界环境温度的变化，有一定的适应范围，成年鸭适宜的环境温度是 5～27℃。产蛋鸭最适宜的外界环境温度是 13～20℃，此时期的饲料利用率、产蛋率都处于最佳状态。

（2）光照。在育成期控制光照时间，目的是防止育成鸭过早成熟。当进入产蛋期时，要逐步增加光照时间，提高光照强度，促使性器官发育，达到适时开产；进入产蛋高峰期后，要稳定光照时间和光照强度，使之达到持续高产。

光照一般可分自然光照和人工光照两种。开放式鸭舍一般使用自然光照加上人工光照（常用电灯照明）解决，而封闭式鸭舍则采用人工光照解决。

光照时间从17~19周龄就可以逐步加长，直至到22周龄后，达到每日16~17小时为止，以后维持在这个水平上。在整个产蛋期内，其光照时间不能缩短，更不能忽长忽短。

3. 放水

每天饲喂后将鸭赶下水洗浴，夏季每日4~5次，也可自由放水，夜间鸭群吵闹不安时仍需放水1次，每次20分钟；冬季每天上午10时，下午2—3时各放水1次，每次5分钟。放水后，冬季让鸭晒太阳、夏季让鸭在阴凉处休息，切忌暴晒。

4. 公母搭配

鸭的性欲越强，产蛋越多。因此，产蛋鸭群中要配备足够的公鸭。小群饲养每100只母鸭配一只公鸭，大群饲养每200只母鸭配养1只公鸭，可提高产蛋率5%~8%。蛋用种鸭每20~30只母鸭配养1只公鸭。商品鸭在产蛋期、休产期、换羽期将公鸭隔离，以免骚扰。

5. 垫料管理

舍内地面用稻草、麦秸、谷壳或木屑等做垫料，隔天加垫料1次，在产蛋处垫高一些。结合鸭舍的通风透光，防暑降温使鸭舍保持清洁、干燥。夏季也可铺垫一层泥沙或石沙。

6. 适时开产

蛋鸭开产时间为150日龄前后，如产蛋过早容易早衰，过迟则会影响经济收入。具体做法是：控制青饲料，以防撑大肠胃；120日龄后逐渐增加喂食数量，提高饲料质量。

7. 强制换羽

夏末秋初蛋鸭停产换羽，此时应采取人工强制换羽，方法是：头两天停食停水，第三至五天给水停食，第六天起喂正常料量的一半且供水，第七天恢复正常，以促使换羽快而整齐，使蛋鸭统一开产。

（二）产蛋期的饲养管理

1. 产蛋初期和前期的饲养管理

当母鸭适龄开产后，蛋产量逐日增加。日粮营养水平，特别是粗蛋白质要随产蛋率的递增而调整，并注意能量蛋白比的适度，促使鸭群尽快达到产蛋高峰，达到高峰期后要稳定饲料种类和营养水平，使鸭群的产蛋高峰期尽可能保持长久些。此期内白天喂 3 次料，晚上 9—10 时给料 1 次。采用自由采食，每只蛋鸭每日约耗料 150 克。此期内光照时间逐渐增加，达到产蛋高峰期自然光照和人工光照时间应保持 14~15 小时。此期间鸭蛋越大，增产势头越快，说明饲养管理越好。若产蛋率忽高忽低甚至下降，属饲养方面原因。每月抽样称重（在早晨鸭空腹时）1 次，若平均体重接近标准体重，说明饲养管理得当；若超过标准体重 5%以上，说明营养过剩应减料或增加粗料比例；若低于标准体重 5%以上，说明营养不足，应提高饲料质量。

2. 产蛋中期的饲养管理

此期内的鸭群因已进入高峰期产量并持续产蛋 100 多天，体力消耗较大，对环境条件的变化敏感，如不精心饲养管理，难以保持高峰产蛋率，甚至引起换羽停产。这是蛋鸭最难养好的阶段。此期内的营养水平要在前期的基础上适当提高，日粮中粗蛋白的含量应达 20%，并注意钙量的添加。日粮中含钙量过高会影响适口性，可在粉料中添加 1%~2%的颗粒状壳粉，或在舍内单独放置碎壳片槽（盆），供其自由采食，并适量喂给青绿饲料或添加多种维生素。光照总时间稳定保持 16~17 小时。舍温维持在 5~10℃，如超过或低于这个标准，应进行调整。在日常管理中要注意观察蛋壳质量有无明显变化，产蛋时间是否集中，精神状态是否良好，洗浴后羽毛是否沾湿等。若蛋壳光滑厚实、有光泽，说明质量好。若蛋形变长，壳薄透亮，有砂点，甚至出现软壳蛋，说明饲料质量差，特别是钙含量不足，或缺乏维生素 D，应加以补充。若产蛋时间为深夜 2 时左右，产蛋时间集中，产蛋整齐，说明饲养管理得当。否则，应及时采取措施。

3. 产蛋后期的饲养管理

蛋鸭群经长期持续产蛋之后，产蛋率将会不断下降。重点是根据产蛋后期蛋鸭体重和产蛋率来确定饲料的质量及喂料量。若鸭群的产蛋率仍在 80%以上，而鸭的体重略有下降，应在饲料中适当加动物性饲料；若体重增加，应将饲料中的代谢能适当降低或控制采食量；若体重正常，饲料中的粗蛋白质应比上阶段略有增加；光照每天保持在 16 小时，每天在舍内赶鸭转圈运动 3 次，每次 5~10 分钟，蛋壳质量和蛋重下降时，补充鱼肝油和矿物质。保持鸭舍内小气候和操作程序的相对稳定，避免应激反应。如果产蛋率已下降到 60%左右，已难于使其上升，无须加料，应予及早淘汰。

第五章 水产养殖实用技术

第一节 池塘养鱼技术

一、放养前的准备

（一）池塘修整

养殖空闲时间，应把池水排干，清除过多淤泥，让池底充分得到风吹和日晒；应修整池边，加固堤埂，疏通注排水渠道等。

（二）药物清塘

用药物杀灭池塘中各种敌害、野杂鱼和致病菌。淡水池塘常用清塘药物有生石灰、漂白粉。海水池塘常用清塘药物有茶粕（饼）、鱼藤酮。

（三）注水和肥水

放养前加注新水，水深70~80厘米为宜；以后随养殖对象生长和水温升高，还需加注新水、加深水位。放养前还应肥水，培养饵料生物。

二、鱼种放养

（一）放养种类

确定放养种类时应考虑以下因素：①放养种类与当地气候和水体的水温、水质相适应；②要拥有饲养鱼类的饵料和肥料；

③具有可靠的苗种来源；④养殖鱼类具有较好的市场前景。

（二）放养方式

1. 混养

池塘养鱼一般以一种（或两种）鱼为主，搭养其他鱼类，实行多种类混养，以充分利用水体空间、天然饵料资源和人工饲料。池塘合理混养，首先，要确定主体鱼，即在放养和产量中所占比例较大、饲养管理的主要对象。其次，要确定搭养鱼类，即在放养和产量中所占比例较小、在饲养管理中处于次要地位的管理对象。确定搭养种类时，应尽量避免或减少养殖鱼类之间在食性、摄食方式和能力、栖息水层上的矛盾。池塘养鱼混养的主要方式有异种同龄混养、异种异龄混养和同种异龄混养（套养）等。

我国淡水池塘养鱼混养的典型有以下 3 种。①以草鱼为主，混养鲢、鳙等。草鱼比例为 50%，鲢为 30%，鳙为 10%，鲤和团头鲂分别为 5%。饲养方法是投喂各种旱草和水草，饲养草鱼的同时，培养了浮游生物，为鲢、鳙提供了饵料；放养的鲢、鳙可控制水体肥度，为草鱼、鲤等净化了水质。②以鲤为主，混养鲢、鳙等。鲤比例为 70%，鲢为 15%，鳙、鲫、团头鲂分别为 5%。这种方式的特点是鲤放养密度大，投喂颗粒饲料，主养鲤的同时肥水，为鲢、鳙提供了饵料；放养的鲢、鳙可控制水体肥度，为鲤、鲫、团头鲂等净化了水质。③以鲢、鳙为主，混养鲤、鲫、团头鲂、鲴等。鲢比例为 40%，鳙为 10%，鲤、鲫、团头鲂、鲴及其他鱼分别为 10%，其特点是以施肥为主，依靠培养饵料生物获得鱼产量，是一种“节粮型”饲养方式。

2. 轮养

轮养是指根据鱼类生长与其贮存量、水体鱼载量的关系，在饲养过程中，用调节密度（贮存量）来保持养殖鱼类快速生长的一种措施。众所周知，春放秋捕方式存在放养初期因贮存量低而池塘生产潜力没有得到充分发挥，而饲养后期又因贮存量达到或接近鱼载量而抑制了鱼类生长的问题。实行轮养就是加大放养量，使养殖鱼类产量与水体生产能力相适应；当鱼的贮存量达到或接近鱼载量时，采用捕捞调节贮存量的方法，保持贮存量与鱼载量相适应和养殖鱼类的快速生长，最大限度发挥水体的生产潜力。

养殖池轮养的主要形式有：①一次放足，分期捕捞，捕大留小；②分期放养，分期捕捞，捕大补小；③多级轮养。多级轮养是指从鱼苗养到商品鱼分级（分池塘）饲养，即不同规格鱼种采用不同密度饲养，当密度（贮存量）达到或接近鱼载量时，通过捕捞、分塘降低密度，保持池塘贮存量与鱼载量相适应和养殖鱼类的快速生长。

（三）放养鱼种的规格

食用鱼饲养中，放养鱼种的适宜规格是指应在一个生长季节或规定的时间里达到商品鱼规格。确定放养鱼种的规格，应考虑市场对商品鱼规格的要求、鱼的生长速度和饲养时间。养殖鱼类都有一个消费者认可的市场规格，而且与价格有一定关系。以鲤为例，市场上商品鱼规格在 1 000 克左右最受欢迎，价格较高。在北京地区，池塘养鲤的饲养时间为 200 天左右；根据目前的饲养技术水平和鲤的生长速度，放养鱼种的适宜规格为 100 克。确定放养鱼种规格时，还要考虑到放养密度、生长期水温、饲料质量和数量等。

目前，几种淡水养殖鱼类适宜的商品鱼规格为草鱼 1 500~2 500 克，鲤 750~1 500 克，鲢、鳙 1 000 克左右，鲫 400 克以上，团头鲂 600 克以上。根据我国北方地区的气候条件和饲养水平，在一定密度下，实行春放秋捕饲养模式，几种鱼类鱼种放养的适宜规格为草鱼 200～300 克，鲤 150～200 克，鲢、鳙 150 克左右，鲫和团头鲂 50 克以上。

目前，上述鱼类的养鱼周期（从鱼苗到商品鱼）均为 2 年（一般不超过 20 个月）。养鱼周期和养成规格与经济效益关系密切，缩短养鱼周期是提高养鱼生产效率的途径之一。

（四）放养密度的确定

放养密度通常以单位水面放养鱼种的尾数和重量来表示。池塘混养时，放养密度包括每种鱼类放养密度和总密度两层含义。在一定范围内，每种鱼类放养密度与产量成正相关，与养成规格呈负相关。确定放养密度时应从以下几方面考虑：①依据饲养条件、技术水平和能力确定产量目标；②以放养鱼种在预定时间内达到商品规格为前提，充分发挥养殖鱼类的生长潜力；③以高产、高效为目标，最大限度发挥池塘的生产潜力。

以池塘主养鲤为例，投喂颗粒饲料，计划产量达 1.8×10^4 千克/公顷，各种鱼适宜的放养密度为鲤 13 260 尾，鲢 4 230 尾，鳙 1 260 尾，鲫 2 150 尾。

三、饲养管理

（一）饲料选择

（1）根据动物对营养素的需要，选择合理的饲料（配方）。如池塘养鲤饲料的主要营养指标为蛋白质 28%～32%，脂肪 8%～10%，能量 3 500～3 800 千卡[①]/千克。选择和调配饲料时，除蛋白质、脂肪和能量的需要外，还要考虑必需氨基酸、必需脂肪酸、微量元素和维生素的需要。

（2）根据水温和鱼的生长情况，及时调整饲料（配方）。如

---

① 1 千卡≈4.184 千焦。全书同。

水温低，鱼的生长速度慢，可适当降低饲料蛋白质含量或降低投喂量；相反，水温适宜，鱼的生长速度快，需要增加饲料蛋白质含量。幼鱼阶段生长速度快，对饲料蛋白质需要量高，应选择高蛋白、低脂肪的饲料。

(3) 根据养殖对象的摄食方式，选择饲料类型。如滤食方式的鲢、鳙，选择粉状饲料；猎食方式的花鲈、虹鳟、大口鲇等，选择软颗粒饲料；吞食方式的鲤、鲫、团头鲂、草鱼等，选择硬颗粒饲料或膨化饲料；撕咬方式的鳗鲡、鳖等，选择面团饲料等。

(4) 根据养殖对象个体大小，选择适宜颗粒大小的饲料。吞食方式的养殖鱼类，饲料的适宜颗粒大小应与其口径相适应；口径大小与体长、体重关系密切。

(二) 投饲技术

池塘养鱼投喂颗粒饲料方法有人工手撒和自动投饵机投喂。不论采取哪种方法都应遵循“四定（定时、定位、定质、定量）”“三看（看鱼类摄食情况、看天气、看水质)”的基本原则。

(1) 设投饵台。选择背风向阳处，作为饲料投喂点，搭投饵台。一般一口池塘只设一个投饵台。

(2) 驯食鱼种上浮抢食。鱼种放入池塘后，应立即开始驯食。每天在固定时间用少量诱饵吸引鱼种到投饵点摄食，同时用少量饵料诱导鱼种上浮抢食。

(3) 合理确定投饵时间和次数。养鲤的投饵时间应选择在白天，要根据水温和鱼的摄食情况确定投饵次数和时间。水温和日投饵次数可参考以下方法：12~16℃为2~3次；17~22℃为4次；23~25℃为5次；25℃以上为6次。以8月中旬为例，水温25℃以上日投喂6次，投饵时间分别为上午7时、10时，下午1时、3时、5时、7时。投喂时应观察鱼的摄食情况，控制投饵频率、范围和一次的投喂时间。

（4）投饵量。为了做到有计划地生产，必须在鱼种放养时做好全年投饵计划。每个鱼池的投饵量主要是根据“吃食鱼”的放养量、规格、增重倍数和饵料系数来确定。例如：成鱼池面积为10亩，平均每亩放养草鱼、鳊35千克，青鱼、鲤40千克。计划草鱼、鳊净增重4倍，青鱼、鲤净增重5倍，则每亩净产草鱼、鳊为140千克，每亩净产青鱼、鲤200千克。草鱼、鳊吃水草，饵料系数为100；青鱼、鲤吃螺蚬，饵料系数为50，则全年总投饵量如下。

水草需要量：$140\times100\times10=140\ 000$（千克）；螺蚬需要量：$200\times50\times10=100\ 000$（千克）。

一年中每月的计划投饵量，主要根据天气、水温、鱼类生长情况和历年经验等来制订。每天投饵量可根据全年计划投饵量、各月投饵百分比，以及按照鱼类递增体重1%～5%计算投喂量，这是一般的计划投饵量。

每天实际投饵量，还要根据当天的天气、水质、食欲、浮头、鱼病等情况来决定增减。

（三）水质调节与控制

养殖池良好水质指标是：溶氧>3毫克/升，非离子氨<0.1毫克/升，透明度25～30厘米，pH值7.0～8.5，COD<30毫克/升，活性磷>0.1毫克/升，总氮0.5～1毫克/升。但高产池塘水质指标往往不尽如人意，需要采取水质调节和控制措施。

1. 生石灰清塘

清塘是指用药物杀灭池塘中各种敌害生物、病原体和野杂鱼的过程。用生石灰清塘既能完成清塘作用，又能起到改良底质和水质的作用。

生石灰（CaO）遇到水（H_2O）产生氢氧化钙［$Ca(OH)_2$］，氢氧化钙为强碱性，其氢氧根离子在短时间内使池水的 pH 值升高到 11 以上，能杀死野杂鱼、敌害生物和病原体。生石灰清塘产生的氢氧化钙吸收二氧化碳（CO_2）生成碳酸钙（$CaCO_3$）沉淀。碳酸钙能疏松淤泥，改善底泥的通气性和酸性环境，释放营养盐类，加速有机质分解，起到改良底质和施肥的作用。生石灰清塘提高了池水硬度，增加缓冲性，起到改良水质的作用。

生石灰清塘分干池清塘和带水清塘两种方法。干池清塘是将池水排干（或留有少量水），将生石灰均匀堆放池中，加水溶化，不待冷却立即把石灰浆均匀泼洒。干池清塘，生石灰的用量为 0. 1~0. 2 千克/米^2。带水清塘是将溶化的石灰浆趁热向池塘均匀泼洒，水深 1 米，生石灰的用量为 0. 25~0. 30 千克/米^2。

2. 清淤和改良底质

精养池塘每年积存的淤泥量达 100 千克/米^2，厚度超过 10 厘米。淤泥的主要成分是腐殖质和生物、各种无机盐类和泥沙。淤泥对养殖池具有保水、保肥、供肥和调节水质的作用，但过多淤泥易恶化水质和发生鱼病。

在养殖的空闲季节，将池水排干，使淤泥充分得到风吹、日晒或冰冻，加速有机物的分解和转化。施用生石灰等底质改良剂，可以改变淤泥的酸性环境，杀死有害生物和致病菌。有条件的地方，可采取养鱼和作物轮作的方法改良养殖池底质。池塘使用多年后，塘泥淤积过多，需要清除。清除淤泥的主要方法是使用推土机、泥浆泵和水底吸淤泵等。

3. 搅动塘泥

搅动塘泥的目的是翻松淤泥，增加其通气性；使上下水层混合，向底层输送氧气和对上层补充营养盐；防止有机物在池底积存，加速底层有机物的分解和转化，为浮游生物繁殖和生长创造条件，起到改良底质和水质的作用。

搅动塘泥每1~2周进行1次，操作方法有拉铁链和人下水用耙子搅等。为了防止池水缺氧，搅动塘泥应选择在晴天的上午进行。

4. 合理施肥

施肥是池塘养殖一项重要生产措施。施肥的目的，一是直接或间接地为养殖对象提供饵料；二是调节水质，培养绿色植物进行光合作用产氧和净化水质。养殖池施肥必须建立在合理基础上，否则将会产生不良影响。

化肥是养殖池的常用肥料，其营养成分准确，肥效快，一次施用量少，不污染水质，施法简单，操作方便。养殖池施用化肥的注意事项有：①了解化肥的有效成分和含量，了解其化学性质、特点和使用方法；②掌握养殖池营养盐状况，做到缺什么肥料就施什么肥料；③施用量要准确，控制一次施用量，化肥过多对养殖动物有毒，要做到少施勤施；④复合施肥时，要注意化肥间的拮抗性和协同性，避免产生不良效果和造成浪费；⑤要将化肥完全溶解后，在池水表层均匀泼洒；⑥要注意天气、温度等对施肥的影响。

有机肥种类多，来源广，价格廉，营养成分全面，肥效持久；它最突出的优点是含有大量腐屑和细菌，可直接充当水生动物的饵料。有机肥的缺点是构成复杂，成分不清，不易掌握确切的施用量，一次施用量大，操作繁重。有机肥直接施入易污染水质，在池内分解耗氧易恶化水质，有时也引起疾病。因此，集约化高产养殖池一般不施有机肥。

5. 加注新水

加注新水的意义在于带入溶氧和营养盐类，冲淡代谢产物和有毒物质。当池水严重缺氧时，注水也是最实际、最有效的抢救措施。当池水老化（藻类生理老化、有机物多、氨氮高），及时排出老水和加注新水是静水养殖池水质调节最有效的措施之一。

6. 使用增氧机

使用增氧机除了通过搅水、曝气直接增加水体溶氧外，还可使养殖池水对流、散发有害气体、防止水质恶化、促进浮游生物繁殖和生长，从而改善水质、提高养殖产量。

增氧机的直接增氧作用毋庸置疑，但使用不当也会产生不良效果。为了充分发挥增氧机在调节养殖池水质中的作用，必须合理使用增氧机。第一，要根据养殖池特点和养殖对象合理选择增氧机。目前，水产养殖生产中使用的增氧机主要有叶轮式、水车式、喷水式、空压射流式等。养鱼池一般采用叶轮式增氧机，可按 0.5 公顷一台 3.0 千瓦（电机）配备。养虾池一般采用水车式增氧机，按 10 千瓦/公顷配备。第二，根据养殖池溶氧变化规律和溶氧量合理使用增氧机。增氧机增氧效果与养殖池溶氧饱和度有关，溶氧越低，增氧效果越好。当池水溶氧低于养殖对象要求时，如凌晨、连绵阴雨缺氧和浮头时，要开增氧机。第三，晴天中午开增氧机，可克服水的热阻力，改变溶氧分布的不合理性，将高溶氧的水送至下层，以减少底层“氧债”。阴天的中午和晴天的傍晚开增氧机会降低浮游植物的产氧，增加耗氧，易引起浮头。

7. 施用化学剂和药物

（1）控制浮游植物。当浮游植物数量过多、池水透明度<10 厘米时，可以用漂白粉或硫酸铜全池泼洒，浓度分别为 1 毫克/升和 0.7 毫克/升。当池水中出现微囊藻并形成水华时，可以用硫酸铜或生石灰在水华处泼洒，浓度分别为 0.7 毫克/升和 20～30 克/米^2。

（2）控制浮游动物。当池水中轮虫、枝角类和桡足类数量过多，引起缺氧时，可以用 90%的敌百虫可溶粉剂全池泼洒，浓度分别为1毫克/升、0.5毫克/升和0.7毫克/升。

(3) 化学增氧剂。当池水缺氧出现浮头，又没有增氧机也不能及时注水时，可以施用化学增氧剂，如过氧化钙（CaO_2）、过二硫酸铵［（NH_4）$_2S_2O_8$］等。

(4) 水质改良剂。目前应用于养殖池的水质改良剂很多，主要有活性腐殖酸、光合细菌等微生态制剂、氧化剂等。

(四) 日常管理和防范措施

日常管理和防范措施包括以下4个方面。

1. 勤巡塘，防浮头

黎明前后检查有无浮头，午后观察鱼的摄食情况，日落前检查全天池塘情况。盛夏酷热，应在午夜前后巡塘，防止严重浮头。

2. 观察水色，检验水质变化

确保池水水质肥，即“肥”；水质要有变化，即有月变化和日变化，渔民称之为“朝红夜绿”，表明浮游植物优势种明显，即“活”；水色鲜嫩，水中浮游生物多，即“嫩”；透明度适中、溶氧量高，即“爽”。总之，保持水质“肥、活、嫩、爽”。

3. 防止病虫害

掌握无病先防、有病早治、防重于治的原则，尽量避免鱼病发生，保障养殖水产健康生长。在春季，鱼类易患水霉病、细菌性烂鳃病、肠炎病、小瓜虫病。寄生虫性疾病常用药物有晶体敌百虫、硫酸铜、硫酸亚铁、食盐等。细菌性疾病可用漂白粉、生石灰等药物进行预防和治疗，此外，地锦草、枫叶、大蒜、五倍子等中草药也是较好的防治药物。春季要及早采取预防措施，把疾病控制在初级阶段。同时，也要注意防止鸟类、鼠类、水蛇等自然敌害生物对于养殖水产的危害。

4. 存塘鱼的越冬管理

我国北方地区冬季有长达4个月以上的结冰期，隔年的大规格鱼种或达不到商品规格的鱼都要进行越冬。越冬期的管理稍有不慎，就会造成严重死亡。越冬期最关键的问题是使池水保持一定深度，使水中有足够的溶氧量，底层水体不结冰。静水越冬，一般不再补充新水，急需时可引水或抽水补充新水；流水越冬比较安全。

越冬密度也是能否顺利越冬的关键因素。确定越冬密度的依据是越冬池的冰下有效水量（指冰冻到最大厚度时，冰下的实际水量）、补水条件及水质情况等。参考的密度是：流水越冬池，每立方米水体（冰下有效水量），可放鱼0.5~1.0千克；可补充水的静水池，每立方米放鱼0.25~0.50千克；无补水条件的静水池，每立方米最多可放鱼0.25千克。

为了提高鱼越冬成活率，在越冬前要进行追膘，多投喂一些精饲料；转入越冬池以后，在晴天、气温较高的日子也要继续投喂精饲料，直到温度降低到鱼不吃食为止。

越冬鱼入池时间要适宜。过早入池，缩短后期培育时间；入池过晚，水温太低，转塘过程中，鱼体擦伤很难恢复，易患水霉病，造成死亡率增高。越冬最合适时期是水温8~10℃，转塘选择温暖无风天气。

越冬期的管理主要是下雪后及时清除积雪和必要时加注新水。

第二节　池塘养对虾技术

一、池塘清整和准备

（一）池塘底质处理

处理方法主要包括阳光暴晒、清淤和药物消毒等。

1. 阳光暴晒

在养虾的空闲季节要将池水排干，让池底充分经阳光暴晒，使池底有机物彻底得到分解和氧化。

2. 清淤

清淤是将池底淤积物清除，一般使用推土机，也可用人力清除。清除的淤积物要远离池塘，以免再被冲回。

3. 药物消毒

对养虾池底药物处理常用生石灰，它可改善池底酸性环境，又可杀死有害生物。生石灰用量为600~800千克/公顷。

（二）清除有害生物

有害生物主要包括敌害生物、其他甲壳类动物、致病微生物和一些藻类等。

1. 敌害生物

敌害生物主要是以虾、蟹为捕食对象的鱼类。清除方法是用茶粕（饼）（15~25克/米^3）或鱼藤酮（2.0~2.5毫克/升）清塘。另外，注水时用网过滤，以防鱼类进入。

2. 其他甲壳类动物

它们与养殖对虾争夺饵料、水体空间，传播疾病，应彻底清除。方法是用农药杀虫剂杀灭。待药物毒性消除后，才可以放养虾苗。

3. 致病微生物

致病微生物包括细菌、病毒等，可使用消毒剂、抗生素类处理和抑制。

4. 一些藻类

虽然藻类可维持和改善池塘环境，但有些藻类，如刚毛藻、水绵、浒苔等，它们大量繁殖吸收养分、占据水体空间，妨碍浮游生物和对虾的生长。清除方法是用除草剂杀灭。

（三）肥水和培养饵料生物

肥水是指培养浮游植物，它可进行光合作用产氧，改善池水环境和溶解氧状况。对虾早期阶段主要以浮游动物、底栖动物和底栖藻类为饵料。肥水方法是施肥，养虾池施肥应以化肥为主。培养饵料生物除施肥外，还可以引种移殖，如蜾蠃蜚、拟沼螺、底栖硅藻等。

二、虾苗放养

（一）虾苗的中间培育

1 厘米左右的虾苗仍属于尚未发育完全的幼体，对环境条件的适应能力差，成活率很不稳定，如果直接放入大的养虾池，往往效果很差。因此，最好把这样的小虾苗育成 3 厘米左右的大虾苗再进行放养。

虾苗中间培育池面积较小，一般为 1 000 平方米左右；可采用专门池塘，也可利用成虾池。如有条件可在池上搭建简易塑料大棚，抗寒保温，有利于小虾苗生长。

小虾苗的放养密度根据池塘条件确定，土池塘放苗 150~300 尾/米^2，塑料大棚可略为增多，可控温、充气池塘密度可增至 1 500~2 000 尾/米^2。

培育虾苗最好的饲料是卤虫幼体、桡足类和糠虾幼体，也可投喂豆粕、花生粕或搅拌的杂鱼、虾、蛤肉等，每日分 4~6 次投喂，投喂量为每 1 万尾虾苗 10~20 克。

培育期间，经常向池内加注新水，必要时可进行换水改善水质；有充气条件的可昼夜连续充气增氧。经过 20 天左右的培育，虾苗长到 3 厘米时就可以分池饲养了。

（二）虾苗放养

虾苗放养的核心问题是确定放养密度。决定放养密度主要看池塘和水质条件、饵料质量和数量、虾苗规格和质量、增氧机等机械配备情况和饲养管理水平等。放养密度小，浪费水体。一般来说，虾苗密度大，生长速度慢，成活率低，易发生疾病。

池塘面积超过 5 公顷，通常采取粗放粗养方式，每公顷放养密度不超过 10 万尾。池塘面积在 3 公顷左右、深度>3 米、换水条件好、饲料充足且质量好、虾苗质量也好的情况下，可采用精养或半精养方式，每公顷可放养小虾苗 30 万~40 万尾或大虾苗 20 万~30 万尾。

三、饲养管理

（一）饲料选择及投喂

饲料分为鲜活饵料和配合饲料两类：前者包括低值贝类、杂鱼、杂虾、卤虫等；后者为营养配比较完善，经加工便于运输、储存和投喂的颗粒饲料。配合饲料将逐渐取代鲜活饵料成为对虾养殖的主要饲料。

对虾饲料投喂量的确定较为复杂，应根据多种因素综合考虑，主要依据有不同规格对虾的日摄食量、水温、水质和对虾的生长情况以及饲料的质量等。投喂各类鲜活饵料，可以通过可食部分干重折算成标准饲料，如卤虫、糠虾、杂鱼与标准饲料比为 4∶1，蛤类为 10∶1，螺类为 12∶1。

对虾日摄食量与体长、体重关系密切，体长 1~2 厘米虾苗日摄食量为体重的 150%~200%，体长 3~4 厘米虾苗日摄食量为体重的 50%~100%，体长 5~7 厘米虾苗日摄食量为体重的 20%~35%，体长 8~12 厘米虾苗日摄食量为体重的 10%~20%，体长 13 厘米以上虾苗日摄食量为体重的 5%~8%。

不同饲料在投喂前应做相应的处理，以便对虾采食。小型贝类（如蓝蛤）、杂鱼、杂虾要经过冲洗后投喂，大型螺类需要先将硬壳碾碎再冲洗投喂，配合饲料可直接投喂，豆饼、花生饼等应敲碎浸泡 2~3 小时后投喂。

投喂场所应根据对虾的生活、活动习性而定。仔虾多在浅水区活动，池边至 0.5 米深水域是投饵范围；随着生长，对虾逐渐向深水区移动，应追虾投喂。对虾觅食能力差，投饵要撒均匀，以方便采食。对虾摄食有明显昼夜节律，即傍晚摄食量大，中午和午夜摄食量少。水温超过 32℃或低于 10℃，对虾摄食量明显下降，应少投饵或不投饵。对虾在蜕皮时一般不摄食，通常在其蜕皮前后停止投喂。

（二）水质调节和环境控制

对虾养殖池良好水质指标是：盐度 10~28，pH 值 7.5~8.5，溶氧>4 毫克/升，非离子氨<0.1 毫克/升，硫化氢<0.01 毫克/升，COD<10 毫克/升，透明度 40~60 厘米。但精养和半精养虾池的水质指标往往不尽如人意，应采取措施调节水质和控制环境。

1. 换水

换水是调节养虾池水质和改善环境的主要途径之一，它是通过低潮时开闸排水和涨潮时灌水实现的。对虾养殖池换水应在以下情况下进行：①近海海水水质良好；②非病毒性疾病流行期，无赤潮；③池水理化指标超标，如溶氧低于 3 毫克/升，氨氮超过 0.4 毫克/升，COD 超过 20 毫克/升；④池塘生物状况不佳，如浮游动物过量繁殖；⑤对虾摄食量下降，出现缺氧现象。

2. 增氧

养虾池使用增氧机增氧是维持和改善水质、提高对虾生长和产量的重要措施之一。目前养虾池普遍采用水车式增氧机，它靠水轮转动，搅水增氧，可使池水流动，改善水体环境。使用增氧机，要根据池水水质和天气等灵活掌握开增氧机的时间。

3. 混养其他水生动物

养虾池以虾为主，还可搭养一定数量的贝类、鱼类或藻类，利用生物间互利共生关系，优化生态系统结构，产生生物效应和经济效应。目前养虾池混养其他水生动物的主要目的是为对虾清理废物、污物和预防疾病。混养的贝类有缢蛏、牡蛎、文蛤、扇贝等，鱼类有罗非鱼、鲻鱼、梭鱼和遮目鱼等，藻类有江蓠、石莼和大叶藻等。

第三节　内陆水域大水面粗放式养殖技术

内陆水域大水面通常指湖泊、水库。在基本清除凶猛鱼类和可设置防逃设施的水体，开展以鲢、鳙为主的粗放式养殖，可提高渔业的经济效益。

一、养殖水域基本条件

（一）水域鱼产力

水域鱼产力的大小主要取决于天然饵料的丰歉和鱼类对其资源的利用效率。鲢、鳙主要以浮游生物为食，水域的浮游生物状况在某种程度上代表了鱼产力水平；而水域浮游生物状况通常用营养类型表示。适合以鲢、鳙为主，粗放式养殖水域应是中、富营养型。水质清瘦或混浊、软水或酸性水等初级生产力和鱼产力极低，不适宜放养鲢、鳙。

（二）凶猛鱼类

根据大中型水域中凶猛鱼类的捕食习性和活动水层，对放养鲢、鳙危害最大的是鳡鱼，其次是蒙古红鲌和翘嘴红鲌等。具有上述凶猛鱼类的水体，一般不宜放养，需彻底清野后再做考虑。如果水域中有其他中小型凶猛鱼类，包括达氏鲌、马口鱼等，须加强清野和提高放养规格。

（三）出入水口状况

出入水口较少，水流平缓，易于设置拦鱼设备的水域，适宜放养。而水的出口多，水流湍急，又不宜设置拦鱼设备的水体，一般不作为放养水体。

（四）交通和社会条件

交通运输方便，有利于器材、鱼种和产品的运输。鱼种来源方便，有较好的捕捞条件等都是应考虑的因素。另外，水体的归属和管理问题也应考虑。

二、放养种类、规格和数量

（一）主养鱼和搭养鱼

鲢、鳙是世界上利用浮游生物效率最高、生长速度最快的大型鱼类之一。它们在水的中上层活动和觅食，容易集中捕捞，起捕率高；其人工繁殖及苗种培育技术成熟，鱼种来源有保证。目前，我国大中型淡水水域粗放式养殖绝大多数以鲢、鳙为主，无论是放养量还是产量都占绝对优势。

除鲢、鳙外，其他鱼类的放养要根据水域温度、水质、饵料基础和其生物学特性，特别是生活、繁殖习性以及捕捞方法、能力等综合考虑。具有水草资源的大中型湖泊、水库可考虑放养草鱼、鳊和鲂。但水草的增殖能力有限，资源一旦破坏，短期内难以恢复，因此，放养仍需谨慎或控制鱼类数量，不能破坏水草的再生能力。其他搭养鱼类还有鲤、鲫、鲴，有条件的可移殖驯化银鱼、香鱼等。

（二）放养规格、比例和密度

1. 放养规格

大型水域环境复杂，要求鱼种有较强的适应能力、避敌能力和觅食能力，放养大规格鱼种才能有较高的成活率和生长率。确定放养规格还要考虑成本、生长和成活率等。依据大中型湖泊、水库的凶猛鱼类危害、拦鱼能力和鱼种成活率等，经过多年的实践证明，放养鲢、鳙1龄鱼种的适宜规格为13厘米左右。

2. 放养比例

水质肥度一般的大型水域，总放养量不足时，鳙的放养比例应稍大些。因为在这种情况下，浮游动物能维持较大生物量，鳙在这种水体中能发挥其摄食低浓度饵料的特点。这种水域鲢、鳙比例一般为2∶8或3∶7。鲢、鳙比例还可以根据同龄鱼捕捞时的规格进行调整。

一些较小型的水质肥沃水域，总放养量较多时，鲢的放养比例应适当增加，鲢、鳙比例可以在5∶5或4∶6。因为在这种水体中，浮游动物经不起鲢、鳙滤食，而浮游植物生物量受鱼类摄食的影响比较小，常能维持较高的数量。鲢在这种水域中可以发挥其滤食特点。

3. 放养密度

放养密度指单位水体放养鱼类的尾数或重量。

（1）适宜养殖面积的计算方法。我国大中型湖泊、水库水位波动较大，如何计算适宜养殖的水面，目前有两种方法：一是根据水文资料统计出多年的平均水位，与之相应的面积作为养殖面积；二是根据正常水位核定出养殖水位，核定的养殖水位相应的面积为养殖面积，即养殖水位=（正常蓄水水位+死水位）×（2/3或1/2）+死水位。前者以实际情况为基础，比较准确，但需要有系统的水文资料；后者为理论值，可能会有一定的误差。

（2）放养密度的确定。目前大中型水体养殖放养密度确定有两种方法：一是根据水体的供饵能力确定放养密度；二是根据鱼类生长情况确定和调整放养密度。在理论上，可以根据各类饵料资源的供饵能力，分别计算出相应食性鱼类的放养量。但这类方法在生产单位往往难以做到，而且由于此类方法本身尚欠完善，由此计算的结果还必须根据实践进行调整。因此，很多生产单位确定放养密度的方法，主要是根据鱼类生长速度进行调整，以求找出相对合适的密度。鱼类的生长速度综合地反映了鱼类种群数量与水体饵料资源之间相适应程度，因此可以作为调整放养量的依据。使用这一方法时，通常是根据经济效益、生产周期、鱼类生长特性等综合考虑，制定出一个适当的生长速度指标，到捕捞时实测放养鱼类的生长速度。如果实际的生长速度大于制定的指标，表明放养量偏小，第二年应适当增加放养量；如果实际的生长速度小于制定的指标，表明放养量过多，第二年应相应地减少放养量。

三、渔业生产管理

（一）确定养鱼周期

确定养鱼周期就是确定捕捞鱼的年龄和规格，这是十分重要的问题，因为养鱼周期影响到水域的鱼产量和经济效益。大型水域的养鱼周期应根据放养鱼类生长的规律和特点、鱼种的来源和成本、水域中饵料生物的丰度、凶猛鱼类的危害程度、拦鱼设备的完善程度、捕捞能力、商品鱼的价格等多方面因素来确定。

一般来说，鱼性成熟前生长快，鲢、鳙的养鱼周期不宜超过4龄。水域条件较差，鱼种成活率低，鱼种来源困难，成本高，捕捞能力较差，而商品鱼价格差价不大时，可适当延长养鱼周期，提高捕捞规格，以降低鱼种的数量和单位产量的鱼种成本，保证一定的经济效益。反之，应尽量缩短养鱼周期，捕较小规格商品鱼，以加快资金的周转和提高经济效益。

放养1龄鱼种，在大水域中养2~3年，捕捞3~4龄商品鱼。

这种体制适用于水体较大，水质肥度一般，凶猛鱼类的危害中等严重的水域。这种水域放养鱼种的成活率不理想，在养鱼的经济核算中，鱼种的成本较高。这类水域需要投放大规格鱼种，而且一般数量较大，鱼种的供应是渔业经营中的主要限制因素。采用较长的养鱼周期，可以减少鱼种来源的困难，降低养鱼成本，而且水域中有多个年龄组的鱼类，可以全面利用水域空间和饵料资源，充分利用鱼种鱼类的快速生长期，达到较大商品规格和较高鱼产量。

（二）确定鱼种放养季节和地点

放养时间有秋季和春季两种。大部分地区在秋季放养，秋季放养一方面可免除出塘越冬的麻烦和消耗；另一方面是因为冬季凶猛鱼类不捕食，鱼种有较长时间恢复体质。在南方一些水库、湖泊也采用春季放养，他们认为南方冬季水温下降不够低，凶猛鱼类不停食，正好捕食低温下游动迟缓的鱼种，反不如春季放养成活率高。春季水温逐渐上升，有助于鱼种迅速恢复运输造成的体质减弱和损伤，能更好更快地适应大水域的自然条件。但这两种做法的合理性都缺乏数据证实。

以灌溉为主的水库，冬、春季大量泄水，鱼种放养应提前1～2个月进行，避开这一时间。有的水库由于特殊困难，如冬季鸟类危害严重，不宜在晚秋或初冬放养，应安排在早春，水温6～7℃时进行。就地培育鱼种的水域，放养方便，在鱼种培育过程中，只要有部分鱼种达到放养规格，即可将这部分鱼种筛出放养。这样做，其生长速度远大于留在原培育水体，同时，也改善了剩余鱼种的生长条件。

放养地点应顺应鱼种在不同季节对生态环境的要求。秋末冬初应选择避风向阳地段；夏秋季或春季以中上游幼鱼索饵场为目标，选择水质较肥的浅水区。无论何时放养，都必须远离输水洞、溢洪道和泵站，以免鱼种被水流裹挟流出库外。也不宜在下风沿岸浅滩投放，以免鱼种被拍岸浪推拥上岸。还应选择数处投放点，把鱼种投放在不同区域，以避免凶猛鱼类集中吞食的损失。

（三）凶猛鱼类控制

凶猛鱼类的存在常是造成放养鱼类存活率低的主要原因之一，必须采取有效措施进行控制。由于不同的凶猛鱼类栖息水层不同，对放养鱼种的危害程度也有很大差异。鳜、鲇、乌鳢等底层凶猛鱼类，对鲢、鳙等鱼种的危害相对小些；而且鳜、乌鳢等属于名贵经济鱼类，应适当保持一定的种群数量，使其成为水域渔获物的合理组成部分。鳜的价格很高，即使对放养鱼类有一定的危害，也应考虑保留。鳡鱼、翘嘴红鲌和蒙古红鲌属上层鱼类，对鲢、鳙鱼种的危害较大，应尽可能彻底清除。对凶猛鱼类种群的控制，一般采用常年捕捞的办法，尤其是在它们的生殖季节集中围捕效果较好。使用的网具一般是浮托网。

（四）安全和越冬管理

安全管理的主要工作是防逃、防盗。水域的进出水口要设拦鱼设施，并定期检查和维修。防盗要建立必要的治安机构，维护好渔业秩序，禁止违法捕鱼，尤其要严禁炸鱼和毒鱼。

越冬管理主要针对北方寒冷地区的一些浅水湖泊、水库而言。保证安全越冬可采取以下措施：保持较高的水位；适当施无机肥培养浮游植物；越冬期间经常扫雪或打扫冰面；必要时可采取注水的方法。

（五）捕捞

对捕捞总的要求是将达到一定规格的鱼及时捕起，以提高养鱼生产的周转率，使养鱼水域不论在生态上还是在经济上都取得明显效益。因此，选用适宜的渔具渔法，适时、合理的捕捞是大型水域渔业生产重要的环节。

“赶、拦、刺、张”联合渔法是一种以捕鲢、鳙为主的大型作业方式，它使用多种渔具，联合作业，相互配合，将鱼群强行驱赶，集中捕捞。这种方法网次产量较高，适于较大型水域集中作业，是比较成熟、效果好的渔法，已被广泛推广。

网箔渔法是利用鱼类活动规律和水域水位变化的特点而设置的定置网具，主要捕中、上层鱼类，对底层鱼的起捕也有一定效果。它的捕鱼效果主要取决于适宜的时间和网箔设置地点。这种网具适用于大中型山谷、丘陵水库。

机轮拖网和围网也是捕捞鲢、鳙鱼群的有效工具。它具有机动灵活、机械化程度高、鱼产量集中、投资较少等优点，适于水面较宽阔的水域作业。

参考文献

[1] 陈勇，贾陟，徐卫红．果树规模生产与病虫害防治［M］．北京：中国农业科学技术出版社，2016.

[2] 席海军，冯树成．蔬菜绿色高质高效栽培技术与模式［M］．北京：化学工业出版社，2021.

[3] 薛立喜．畜禽养殖技术［M］．北京：知识产权出版社，2016.

[4] 王迪轩．现代蔬菜栽培技术手册［M］．北京：化学工业出版社，2019.

[5] 河南省职业技术教育教学研究室．农作物生产技术·林果生产技术［M］．北京：电子工业出版社，2012.

[6] 雷霁霖．海水鱼类养殖理论与技术［M］．北京：中国农业出版社，2005.

[7] 顾洪娟，曲强．水产养殖技术［M］．北京：化学工业出版社，2019.